环境工程专业实验系列教材

大气污染控制工程实验

耿启金　杨金美　宋明君　主编
王元芳　刘　莹　副主编

清華大學出版社
北　京

内 容 简 介

本书分为四个部分：第一部分是实验准备与安全，让读者对实验课的学习目标和要求有一定了解，以提高读者在实验过程中的安全意识；第二部分为有关大气监测方面的内容，包括不同大气污染物的物理性质、化学性质等监测方法和测试实验的介绍，为大气污染控制技术设计提供基础数据；第三部分是关于大气污染控制实验，包括了不同污染物的控制技术和对比实验情况；第四部分是综合设计实验。通过设计出可行的污染物处理方案，培养学生的综合实验设计能力，提高团队协作能力和执行力，提高理论联系实际、解决实际问题的能力，提高学生创新能力。实验内容包括环境工程专业大气污染监测与污染物测试等基础实验以及大气污染控制技术与设计实验等，共28个实验项目。目的在于适应普通高校应用型本科专业建设的需要，致力于提高学生实践能力，培养学生创新精神。另外，本教材不仅可作为高等院校环境工程及其相关专业的实验用书，也可供从事环境科学研究及管理的人员参考。

图书在版编目(CIP)数据

大气污染控制工程实验/耿启金，杨金美，宋明君主编．—北京：清华大学出版社，2023.10
环境工程专业实验系列教材
ISBN 978-7-302-62280-2

Ⅰ．①大… Ⅱ．①耿… ②杨… ③宋… Ⅲ．①空气污染控制－实验－高等学校－教材
Ⅳ．①X510.6-33

中国国家版本馆CIP数据核字(2023)第007098号

责任编辑：袁　琦　王　华
封面设计：何凤霞
责任校对：王淑云
责任印制：沈　露

出版发行：清华大学出版社
网　　址：https://www.tup.com.cn，https://www.wqxuetang.com
地　　址：北京清华大学学研大厦A座　　**邮　　编**：100084
社 总 机：010-83470000　　**邮　　购**：010-62786544
投稿与读者服务：010-62776969，c-service@tup.tsinghua.edu.cn
质量反馈：010-62772015，zhiliang@tup.tsinghua.edu.cn
印 装 者：三河市铭诚印务有限公司
经　　销：全国新华书店
开　　本：185mm×260mm　　**印　张**：9.25　　**字　　数**：222千字
版　　次：2023年10月第1版　　**印　　次**：2023年10月第1次印刷
定　　价：40.00元

产品编号：098966-01

前言

PREFACE

大气中的挥发性有机物(VOCs),氮氧化物、硫化物以及可吸入颗粒物等污染物,会给大气生态环境带来不同程度的污染。因此,加强大气污染防治对于保护大气生态环境意义重大。党中央、国务院高度重视大气污染的防治工作。党的十八大以来,以习近平同志为核心的党中央围绕生态环境保护做出一系列重大决策部署,我国生态环境保护从认识到实践发生了历史性、全局性变化。习近平总书记在党的二十大期间明确提出,我们要加快发展方式绿色转型,实施全面节约战略,发展绿色低碳产业,倡导绿色消费,推动形成绿色低碳的生产方式和生活方式。深入推进环境污染防治,持续深入打好蓝天、碧水、净土保卫战,基本消除重污染天气,基本消除城市黑臭水体,加强土壤污染源头防控,提升环境基础设施建设水平,推进城乡人居环境整治。大气污染控制工程技术是环境工程中的主要治理技术之一,是环境工程专业学生必须掌握的专业知识,也是高等学校本科环境科学与工程专业的核心课程之一。

本书由潍坊学院环境工程教学科研团队联合兄弟单位,在多年教学和科研经验的基础上编写而成。本书主要介绍了现代新型大气污染控制技术和装备、设计方案、污染物的监测方法等,内容包括基本知识、基本操作、基本技术、性能测试实验、大气固态污染物实验、大气气态污染物控制技术实验等,共 28 个实验项目。其中,设计实验借鉴了目前不同行业的实际工程案例的设计和运行经验,充分体现了新技术开发、探索性实验的先进性。此外,考虑到各个院校在安排教学实验时的差异性,设立了可根据自身条件选择性开设的实验项目。

本书的编写者参考了已有的大气污染实验教材,包括郝吉明、段雷的《大气污染控制工程实验》(2004 年),依成武的《大气污染控制实验教程》(2010 年),陆建刚的《大气污染控制工程实验》(第一版,2012 年;第二版,2016 年),许宁的《大气污染控制工程实验》(2018 年),陆建刚等的《大气环境监测实验》(2018 年)等。

本书由耿启金教授、杨金美博士、宋明君教授主编、统筹、审核、校对。本书主要包括四个部分:第一部分是实验准备与安全,其中,第一节(参编人员:宋明君、杨金美、王梅)是大气样品采集方法;第二节(参编人员:刘莹、徐洲、伊玉)是关于实验室安全的相关介绍,以提高学生在实验过程中的安全意识。第二部分(参编人员:耿启金、陈刚、杨金美、王元芳、张金玉)为有关大气污染物监测方面的内容,包括不同大气污染物的物理性质、化学性质等监测方法和测试实验技术,为大气污染控制技术设计提供基础数据。第三部分(参编人员:

耿启金、杨金美、于清、郑师梅)是大气污染控制实验，包括不同污染物的控制与治理技术。第四部分(参编人员：耿启金、刘莹、徐洲、宫斌)是综合设计实验，通过设计具有可操作性的设备、工程和技术方案，培养学生的综合实验设计能力，提高学生的协作能力、执行力以及创新能力。

本书既有基础实验，又有新技术实验，目的在于适应普通高校应用型本科专业建设的需要，提高学生的实践能力，培养学生的创新精神。本书不仅可作为高等院校环境工程及其相关专业的实验用书，也可供从事环境科学研究及管理的人员参考。

本书的出版得到了潍坊学院“潍院学者”建设工程项目、潍坊学院化学工程与技术重点学科、潍坊学院绿色催化新材料的分子模拟及合成科研创新团队项目、山东省自然科学基金(ZR2017MB057)的资助，同时获得了清华大学出版社、潍坊学院科研处、潍坊学院教务处、潍坊学院化学化工与环境工程学院、潍坊环境工程职业学院、山东省柠檬生化有限公司、潍坊市大气污染控制工程与技术重点实验室、山东华之源检测有限公司、山东绿景检测有限公司等单位的大力支持和帮助；本书编辑出版期间得到清华大学出版社袁琦等编辑的帮助和支持，也得到潍坊学院 2017 级环境工程专业学生高雅、李亚、邵添情、赵晨和 2018 级化学专业学生刘艳萍等的帮助，在此一并表示感谢。

由于作者学识有限，本书内容难免有欠缺和不妥之处，恳请专家、读者批评指正。

耿启金

2023 年 5 月于潍坊学院至善楼

目录

CONTENTS

第一部分

实验准备与安全

第一节　大气样品的采集方法

一、空气样品的采集及保存

大气(空气)环境样品的采集主要有溶液吸收采样法、吸附管采样法、滤膜采样法、滤膜-吸附剂联用采样法、直接采样法、被动采样法等。

(一) 溶液吸收采样法

溶液吸收采样法适用于二氧化硫、二氧化氮、氮氧化物、臭氧等气态样品的采集。

1. 采样

(1) 到达采样现场,观测并记录气象参数和天气状况。

(2) 正确连接采样系统,做好样品标识。注意吸收管(瓶)的进气方向不要接反,防止倒吸。采样过程中有避光、温度控制等要求的项目应按照相关监测方法标准执行。

(3) 设置采样时间,调节流量至规定值,采集样品。

(4) 在采样过程中,采样人员应观察采样流量的波动和吸收液的变化,出现异常时要及时停止采样,查找原因。

(5) 在采样过程中应及时记录采样起止时间、流量,以及气温、气压等参数,记录内容应完整,表达要规范。

2. 样品运输和保存

(1) 样品采集完成后,应将样品密封后放入样品箱,再将样品箱密封后尽快送至实验室分析,并做好样品交接记录。

(2) 在运输过程中应防止样品受到撞击或剧烈震动而损坏。

(3) 在样品运输及保存过程中应避免阳光直射。需要低温保存的样品,在运输过程中应采取相应的冷藏措施,以防止样品变质。

(4) 样品到达实验室应及时交接,并尽快分析。如不能及时测定,应按各项目监测方法标准的要求妥善保存,并在样品有效期内完成分析。

（二）吸附管采样法

吸附管采样法适用于汞、挥发性有机物等气态样品的采集。

1. 采样

（1）到达采样现场，观测并记录气象参数和天气状况。

（2）正确连接采样系统，做好样品标识。注意吸附管的进气方向不可接反，分段填充的吸附管 2/3 填充物段为进气端。吸附管进气端朝向应符合监测方法标准的规定，垂直放置并进行固定。

（3）设置采样时间，调节流量至规定要求。在采样过程中，对吸收温度有控制要求的，需采取相应措施。

（4）在采样过程中应及时记录采样起止时间、流量，以及气温、气压等参数，记录内容应完整，表达要规范。

2. 样品运输和保存

按各项目监测方法标准执行。

（三）滤膜采样法

滤膜采样法适用于总悬浮颗粒物（total suspended particulate，TSP）、可吸入颗粒物（PM10）、细颗粒物（PM2.5）等大气颗粒物的质量浓度监测及成分分析，以及颗粒物中重金属、苯并[a]芘、氟化物（小时和日均浓度）等物质的样品采集。

1. 采样

（1）到达采样现场后，观测并记录气象参数和天气状况。

（2）正确连接采样系统，核查滤膜编号。用镊子将采样滤膜平放在滤膜支撑网上并压紧，滤膜毛面或编号标识面朝进气方向，将滤膜夹正确放入采样器中；设置采样开始时间、结束时间等参数，启动采样器进行采样。

（3）采样结束后，取下滤膜夹，用镊子轻轻夹住滤膜边缘，取下样品滤膜（如条件允许，应尽量在室内完成装膜、取膜操作），并检查滤膜是否完好或滤膜上尘积面的边缘轮廓是否清晰、完整，否则将该样品作废，重新采样。整膜分析时样品滤膜可平放或向里均匀对折，放入已编号的滤膜盒（袋）中密封；非整膜分析时样品滤膜不可对折，须平放在滤膜盒中。记录采样起止时间、采样流量以及气温、气压等参数。

2. 样品运输和保存

（1）样品采集后，立即装盒（袋）密封，尽快送至实验室分析，并做好交接记录。

（2）运输过程中，应避免样品剧烈震动。对于需平放的滤膜，应保持滤膜采集面向上。

（3）需要低温保存的样品，在运输过程中应有相应的保存措施以防止样品损失。

（4）样品到达实验室应及时交接，尽快分析。如不能及时称重及分析，应将样品放在 4 ℃条件下冷藏保存，并在监测方法标准要求的时间内完成称量和分析；对分析有机成分的滤膜，采集后应按照监测方法标准要求进行保存至样品处理前，为防止有机物损失，不宜进行称量。

（四）滤膜-吸附剂联用采样法

滤膜-吸附剂联用采样法适用于多环芳烃类等半挥发性有机物的样品采集。

1. 采样

（1）根据仪器说明把采样筒放入采样器的采样筒架内，确保密封圈安装正确。

（2）采样结束后，将采样筒从采样筒架内取出，用洁净的铝箔包裹好，放入样品保存筒中，密封，贴上标签。

（3）其他要求可参见《环境空气 半挥发性有机物采样技术导则》（HJ 691—2014）。

2. 样品运输和保存（略）

（五）直接采样法

直接采样法适用于一氧化碳、挥发性有机物、总烃等污染物的样品采集，常用于空气中被测组分浓度较高或所用分析方法灵敏度较高的情况。根据气态污染物的理化特性及分析方法的检出限，选择相应的采样装置，一般采用真空罐（瓶）、气袋、注射器等。

1. 真空罐（瓶）采样

（1）用真空罐（瓶）采集空气样品可分为瞬时采样和恒流采样两种方式。瞬时采样时在罐进气口处加过滤器，恒流采样时在罐进气口安装限流阀和过滤器。

真空罐采样参见《环境空气 65 种挥发性有机物的测定 罐采样/气相色谱-质谱法》（HJ 759—2023）。真空瓶是一种用耐压玻璃制成的固定容器。采样前先用抽真空装置将采气瓶内抽至剩余压力达 1.33 kPa 左右，如瓶内预先装入吸收液，可抽至溶液冒泡为止，关闭旋塞。

（2）样品运输和保存。样品运输和保存参见 HJ 759—2023。

2. 气袋采样

（1）气袋适用于采集化学性质稳定、不与气袋起化学反应的低沸点气态物质。气袋常用的材质有聚四氟乙烯、聚乙烯、聚氯乙烯和金属衬里（铝箔）等。根据监测方法标准要求和目标污染物性质等选择合适的气袋。

用现场空气清洗气袋 3～5 次后再正式采样，采样后迅速将进气口密封，做好标识，并记录采样时间、地点、气温、气压等参数。

（2）样品运输和保存。采样后气袋应迅速放入运输箱内，防止阳光直射，并采取措施避免气袋破损；当环境温差较大时，应采取保温措施；样品存放时间不宜过长，应在最短的时间内送至实验室分析。

3. 注射器采样

（1）注射器通常由玻璃、塑料等材质制成，一般采用 50 mL 或 100 mL 带有惰性密封头的注射器。采样时，移去注射器的密封头，抽吸现场空气 3～5 次，然后抽取一定体积的气样，密封后将注射器进口朝下，垂直放置，使注射器的内压略大于大气压。做好样品标识，记录采样时间、地点、气温、气压等参数。

（2）样品运输和保存。采样后注射器应迅速放入运输箱内，并保持垂直状态运送；玻璃注射器应小心轻放，防止损坏；将样品保温并避光保存，采样后尽快分析，在监测方法标准规定的时限内测定完毕。

(六) 被动采样法

被动采样法适用于气态或蒸汽态的有害物质。

(1) 采样时将滤膜毛面向外放入塑料皿中，用塑料垫圈压好边缘；将塑料皿中滤膜面向下，用螺栓固定在塑料皿支架上，并将塑料皿支架固定在距地面高 3～15 m 的支持物上，距基础面的相对高度应大于 1.5 m，记录采样点位、样品编号、放置时间等。

(2) 采样结束后，取出塑料皿，用锋利小刀沿塑料垫圈内缘刻下直径为 5 cm 的样品膜，将滤膜样品面向里对折后放入样品盒(袋)中。记录采样结束时间，并核对样品编号及采样点。

(七) 氟化物采样

空气中长期平均污染水平的氟化物的采样按《环境空气 氟化物的测定 石灰滤纸采样氟离子选择电极法》(HJ 481—2009)的相关要求进行。

(八) 降尘采样

降尘采样按《环境空气 降尘的测定 重量法》(GB/T 15265—1994)的相关要求进行。

(九) 采样质量保证与质量控制

(1) 每次采样前，应对采样系统的气密性进行检查，符合要求方可采样。

(2) 空白样品数量应按照项目监测方法标准规定执行；如标准中无规定，每个项目在同一批次内至少采集 1 个空白样品。

(3) 平行样的采集及要求按照各项目监测方法标准执行。

(4) 多点采样时，各采样点采样须同步进行，采样时间和采样频率均应相同。

(5) 采样前后的流量偏差应在规定范围内。

(6) 推荐优先使用恒流且具有累计采样体积功能的采样仪器。

(7) 每月至少清洗 1 次采样管路，每月至少对仪器进行 1 次流量检查校准，其误差应在规定范围内。长时间进行连续采样时，至少每周对采样系统进行 1 次流量检查校准。及时更换仪器防尘滤膜和干燥剂，一般干燥器硅胶有 1/2 变色则需更换。

(8) 采样结束后，检查仪器状态是否完好，清理仪器和附件，并填写仪器使用记录。清点样品数量，核对无误后，将样品及时送交实验室分析。

(9) 遇到对监测影响较大的雨雪天气及风速大于 8 m/s 的气象条件时，不宜进行手工采样监测。

其他特殊要求见《环境空气质量手工监测技术规范》(HJ 194—2017)。

二、工业废气的采集

固定污染源烟气(二氧化硫、二氧化氮、颗粒物)排放连续监测参照固定污染源烟气排放连续监测技术规范和系统技术要求及检测方法，如《固定污染源烟气(SO_2、NO_x、颗粒物)排放连续监测技术规范》(HJ 75—2017)、《固定污染源烟气(SO_2、NO_x、颗粒物)排放连续监测系统技术要求及检测方法》(HJ 76—2017)。大气污染物无组织排放监测技术见《大气污染物无组织排放监测技术导则》(HJ/T 55—2000)。固定污染源废气监测采样、样品保存和质量控制参照《固定源废气监测技术规范》(HJ/T 397—2007)、《固定污染源排气中颗粒物测定与气态污染物采样方法》(GB/T 16157—1996)、《固定污染源监测质量保证与质量控制技术规范(试行)》(HJ/T 373—2007)、《排污单位自行监测技术指南 总则》(HJ 819—2017)。在进行固定污染源废气颗粒物监测时需注意的是,颗粒物浓度不大于 20 mg/m^3 时,适用《固定污染源废气 低浓度颗粒物的测定 重量法》(HJ 836—2017),颗粒物浓度大于 20 mg/m^3 但不超过 50 mg/m^3 时,HJ 836—2017 与 GB/T 16157—1996 均适用。

第二节 实验室的安全问题

一、实验室物品及环境的安全

实验室物品及环境可能存在的安全问题有以下几点：

(1) 操作室与仪器室无温湿度仪，实验环境条件不清楚；

(2) 无“三废”收集处理装置，对环境造成威胁；

(3) 实验室墙面脱落，地面粗糙不平，杂物乱放，台面凌乱，有粉尘干扰及污染实验的危险；

(4) 实验室无通风设备，无防火、防水、防腐和急救设施，存在人身安全风险；

(5) 废旧和长期停用设备未清出检测现场，有误用风险；

(6) 检测工作时无环境条件记录，检测结果无法复现；

(7) 微生物学实验室的物流与人流未分开，一更、二更和三更不规范，有交叉污染风险；

(8) 致病性微生物实验室无生物安全装置，使操作人员有病菌感染风险；

(9) 相互有影响的工作空间没有有效隔离，影响检测结果的准确性；

(10) 办公室、检测室、仪器室混用，存在相互交叉污染，影响实验结果准确性的风险。

二、实验室仪器的安全

为满足检测项目的要求，实验室需配备各种大型的精密仪器。实验室应有应急电力供应系统，防止突然停电造成仪器损坏。实验室内消防应急、仪器防静电接地、排风设施、仪器标志应齐全有效。

实验室仪器的安全风险有：

(1) 相互有影响的仪器放置在一起，相互干扰，影响实验数据的准确性；

(2) 仪器长期不校准/检定，准确性无保障；

(3) 仪器不做期间核查，性能无法掌控；

(4) 仪器无状态标识或标识混乱，容易错用；

(5) 仪器无安全保护装备，对操作员有伤害风险；

(6) 气瓶没有分类储存，无固定和防漏设施，有爆燃隐患；

(7) 仪器线路交叉杂乱，有火灾隐患；

(8) 仪器使用无记录，出现异常无法追溯；

(9) 仪器档案信息不全，对维护造成困扰；

(10) 仪器无强排风装置，对操作人员有伤害。

三、实验室检验人员的安全

有些实验需要在高温、高压、辐射、强酸碱或有毒气体等条件下进行工作，实验室未配备良好的通风、排气等安全设施，会影响检验人员的身心健康。作为实验室安全防护的责任者，实验室检验人员应随时随地做好安全防护工作，对实验室存在的不安全因素要及时上报，进行整改；实验室需配有应急救助设施。

实验过程中的每一个细节都决定着实验结果的好坏，甚至安全。特别是公共实验安全部分，个人的实验习惯或者不安全操作会直接影响他人，所以对个人的不良实验习惯要足够重视，并积极改正。实验室人员的不良实验习惯包括：

(1) 取用有刺激性气味和有毒有害药品时，不佩戴防护用品或未在通风橱里进行；

(2) 取用腐蚀性药品时，不佩戴防护用品；

(3) 取用化学试剂时，用手直接拿取；

(4) 药匙使用不规范，一匙多用，药匙用后未及时清洗干净就放回公共区域，药品取用后直接把药匙放在药瓶里；药品取用后未将试剂瓶的两层盖盖紧；实验剩余的药品放回原瓶，或随意丢弃，或直接拿出实验室，未放回指定的容器内；

(5) 样品散落在天平或者台面上不及时清理；

(6) 实验室用的抹布随意丢置；

(7) 戴着防护手套摸门把手、电梯按钮等公用设施；

(8) 手里拿着反应容器在实验室到处走动；

(9) 配置溶液，未在盛药品的容器上贴标签，未注明名称、溶液浓度；

(10) 向下水道倾倒大量有机液体，导致可燃挥发物充斥下水道，有些有机物还会腐蚀管路；

(11) 玻璃碎片、微量进样器针头、一次性滴管、离心管等未分类处理，混在生活垃圾内；

(12) 实验室内随意私接插座，插线板散乱放在地面；

(13) 随意堆放使用过的化学试剂空瓶，不进行固定；

(14) 通风橱内大量试剂零乱堆放，阻碍空气流通。将马弗炉放置在通风橱中存在安全隐患。

四、实验室排放物对环境的安全隐患

在实验过程中会产生大量的废液、废气和废物，过期或失效的有机试剂及强酸碱腐蚀药品，这些有毒、有害物质，若不经妥善处理排放到环境(大气、土壤、水)中，容易污染环境，破坏生态平衡和自然资源。实际上实验室已经成为不可忽视的污染源。

五、实验室的水、电安全

实验人员对水和电使用不当而引起火灾的事故常有发生，尤其是存有易燃易爆药品的实验室。分析原因如下：①忘记断水、断电；②仪器操作不慎或使用不当；③供电线路老化、超负荷运行；④烟头引起火灾；⑤防毒、防爆设施不全。

六、常见的危险源和安全防护

(一) 常见危险源

1. 爆炸焚烧类

此类危险常见于化学实验室，主要为化学反应导致直接爆炸，也会因化学气体的泄漏、溢出由外力或温度点爆进而发生火灾。

例如在化学实验室中经常使用到易燃易爆气体，很多非专业的实验室设计单位会将易燃易爆气瓶存放在实验区域，用气瓶柜进行存储，自认为就能达到防爆的效果。但爆炸是能量瞬间聚集到一定程度又突破了外部承受极限的瞬间释放行为，一旦气瓶柜爆炸，常用的铁皮柜(0.6～1.2 mm 厚)完全无法隔离和泄压，第一个受冲击的肯定是实验区域，受到伤害最大的肯定是实验室内的工作人员。所以，不建议将易燃易爆气体置于实验区域，同时应对存放易燃易爆气体的区域进行防爆、隔爆、泄爆处理，以降低爆炸以及火灾对实验室工作人员的威胁。

2. 腐蚀类

这类危险源会对人体的皮肤、眼睛、呼吸道等造成腐蚀，严重威胁工作人员的健康。

常见的酸碱类物质因为操作过程的不够慎重或防护不够，会对人体造成伤害。例如，因为没有佩戴防护装备导致试剂溅入眼睛里或溅到皮肤上，如果实验区域内没有紧急冲淋装置或冲淋装置距离实验区域太远，就会错过最佳救治时间；或者因为紧急冲淋水压过高，受伤人员的受伤害处已经极其脆弱而导致二次伤害等。

3. 烫伤类

实验室经常会有一些需要高温加热的实验，这些实验对人身有安全威胁。如加热增加反应速度、高温焚烧、高温油浴，都有可能导致高温灼伤和烫伤。

4. 冻伤类

实验室常会有低温冷冻的环节，如液氮温度为－196 ℃，在对液氮进行操作时必须戴防寒手套，否则极易冻伤。除此之外还有一些特殊的制冷剂等，有可能因为操作时稍不注意而冻伤皮肤。

5. 电击类

实验室有大量的用电设备，有些设备的外表就是易导电的金属，如果在潮湿封闭的环境工作，可能会发生触电事故。触电原因一般是导线破损、漏电保护失灵、地线断线、没有接地保护、选择电压为非安全电压等。

人体能够承受的安全电压为 36 V，安全电流为 10 mA。因人体电阻一定，接触的电压越高，通过人体的电流就越大，对人体的损害也就越严重。一般 1 mA 的电流通过时即有感觉，25 mA 以上人体就很难摆脱，50 mA 即有生命危险。

6. 中毒类

实验室一般存有很多有毒有害的物品，中毒的事件也常有发生，基本上是由误食与误接触造成的。如实验室工作人员将食物保存在药品试剂冰箱里，将食物放在实验设备里加热，将水杯带进实验区域等；还有接触性中毒，基本上是操作不规范、防护意识不够、防护用具不到位造成的。

7. 感染类

实验室工作人员是与病毒或细菌近距离接触的人群，稍有不慎就面临被感染的风险。感染是指细菌、病毒、真菌、寄生虫等病原体侵入人体所引起的局部组织和全身性炎症反应，感染类风险通常多见于生物实验室或医学实验室。

常见的感染途径一般有皮肤接触、飞沫传播、体液传播、血液传播、空气传播等。当然不同的病毒或细菌有不同的存活条件，一旦无法满足相应的存活条件或传播途径，病毒或细菌就无法感染人类了。

如果实验室操作人员在规范操作与防护的情况下还是被感染，只能说明实验室的环境不合格。而实验室的环境合格与否主要取决于以下几点：是否满足实验要求，是否能够有效灭菌，是否能够有效隔离，室内空气温湿度与尘埃粒子是否达标。

8. 慢性疾病

国外有研究表明，实验室工作人员的人均寿命比普通环境下工作的人员少 10 年，很大一部分原因是由各种有毒有害气体、声光电磁以及辐射污染造成的。

慢性疾病的隐患往往不能在短时间看出来，此类安全隐患首先是实验室设计时埋下的，其次才是操作与防护不当。因此，在设计时就应该注意保证实验区域的泄漏率、最低换气次数、防辐射措施等要符合安全标准。在规避已知风险的情况下，尽量提高防护要求。

（二）实验室安全防护

危险源控制可以从以下三个方面进行：技术控制、人的行为控制和管理控制。

（1）技术控制：即采用技术措施对固有危险源进行控制，主要有消除、替代、隔离、通风、防护、监控等。

① 隔离：通过安全储存有害化学品和严格限制有害化学品在工作场所的存放量，可以获得隔离的效果，这种安全存储和限量的方法，特别适用于实验室操作人数不多，而且很难采用其他控制手段的场合，当然提供充足和合适的个体防护用品也是必需的。

② 通风：实验室通风的主要目的是提供安全、舒适的工作环境，减少人员暴露在危险空气下的可能。通风是为了保护在实验环境中实验人员的身体健康。

③ 监控：监控是指使用烟雾报警器、毒气报警器等报警装置。在实验室作业环境中，因存在有害气体泄漏等危害人身安全的隐患，须对现场环境进行有效的监控，包括实验室气体存放区域、实验室作业区域。当有毒有害、易燃易爆气体超过报警值后，发出报警信号，控制中心收到报警信号，进行及时的防护，以确保实验室人员的安全。

（2）人的行为控制：即控制人为失误，减少不正确行为对危险源的触发作用。人为失误主要表现形式有：操作失误、指挥错误、不正确的判断或缺乏判断、无知、粗心大意、遗忘、疲劳、紧张、忙乱、工作没有秩序、疾病或生理缺陷、错误使用防护用品和防护装置等。

（3）管理控制：建立健全危险源管理的规章制度；明确责任、定期检查，加强危险源的日常管理。

第二部分

大气污染物的监测实验

实验一　室内空气氨含量测定——纳氏试剂比色法(4学时)

氨气是大气中含量最高的碱性气体,也是室内主要的环境污染物之一。它具有强刺激性,短期内大量吸入可引起流泪、咽痛、声音嘶哑,严重者可引起肺水肿、呼吸窘迫综合征、呼吸道刺激等不良后果;氨气的干湿沉降还会影响生态系统。此外,氨气与酸性气体中和后,易生成二次颗粒物,是雾霾形成的重要因素。

室内空气中氨气的来源包括室内装饰材料中的各种添加剂,下水系统中的气体的排逸,人造板材压制成形中使用的黏合剂、稳定剂在常温条件下的释放。同时,建设施工阶段的混凝土防冻剂和膨胀剂都含有氨类物质,大量的氨类物质随着温度、湿度等环境因素变化被还原成氨气释放出来,导致室内空气中氨气浓度不断增加。

我国还未将气态氨排放纳入《环境空气质量标准》(GB 3095—2012)。但是在《室内空气质量标准》(GB/T 18883—2022)中,规定了氨的浓度限值和监测方法,氨的1小时平均限值为0.20 mg/m^3。《民用建筑工程室内环境污染控制标准》(GB 50325—2020)中也明确了氨是室内空气检测的重要指标之一。根据标准,Ⅰ类民用建筑工程和Ⅱ类民用建筑工程室内氨的浓度限量分别为0.15 mg/m^3 和0.20 mg/m^3。

氨气的测定主要包括国家标准方法的纳氏试剂比色法、靛酚蓝分光光度法(GB/T 18204.2—2014)、次氯酸钠-水杨酸分光光度法、离子选择电极法;还包括非国标的乙酰丙酮甲醛分光光度法、茚三酮分光光度法和现场测定法。其中,纳氏试剂比色法作为一种化学分析方法,操作简单,实验时间较短,但选择性略差,更适用于如理发店之类的特定场所及污染大气和水的检测。靛酚蓝分光光度法通过显色反应,根据颜色减弱程度定量,干扰因素小,但是操作条件相对严格,对蒸馏水和试剂的本底值要求较高。次氯酸钠-水杨酸分光光度法检出浓度小,灵敏度高,选择性较好,但是实验较复杂。离子选择电极法仪器简易灵敏,选择性好,但对实验仪器要求高,成本高。本实验采用纳氏试剂比色法。

一、实验目的

(1) 了解室内空气质量氨监测的基本要求和限值。

(2) 掌握纳氏试剂比色法测定氨浓度的原理和方法。

二、实验原理

稀硫酸溶液吸收空气中的氨后,与铵离子、纳氏试剂反应生成黄棕色化合物,化合物色度与氨的含量成正比。此颜色在 410～425 nm 波长范围内具有强烈吸收,根据颜色深浅,在波长 420 nm 处,用分光光度法测定。

反应式如下:

$$2K_2[HgI_4]+3KOH+NH_3 \longrightarrow OHg_2NH_2I+7KI+2H_2O \tag{1-1}$$

三、实验器材及试剂

1. 实验器材

(1) 气体采样器。

(2) 玻板吸收瓶 50 mL 或大型气泡吸收瓶(图 1-1)。

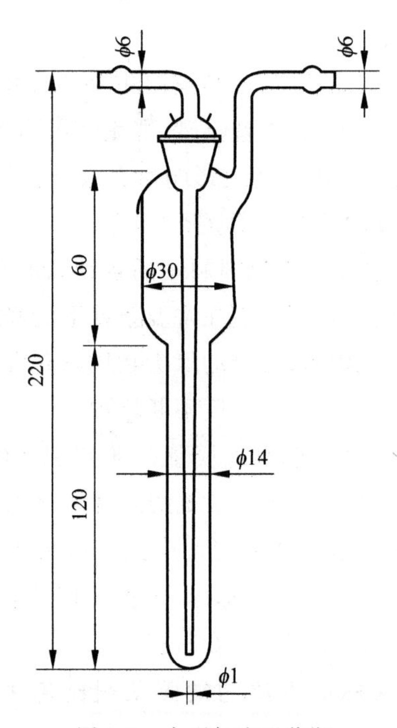

图 1-1 大型气泡吸收瓶

(3) 10 mL 具塞比色管 10 支。

(4) T6 分光光度计。

(5) 容量瓶(100 mL、250 mL)。

(6) 移液管。

2. 主要试剂

氢氧化钠(NaOH,AR),氯化汞($HgCl_2$,AR),碘化钾(KI,AR),氯化铵(GR),硫酸

(ρ=1.84 g/mL)。

(1) 无氨水：1000 mL 蒸馏水中加入 0.1 mL 硫酸吸收液，在全玻璃蒸馏装置中重蒸馏，弃去开始的 50 mL 馏出液，其余收集在磨口玻璃瓶。

(2) 硫酸吸收液(H_2SO_4，0.005 mol/L)：量取 2.8 mL 浓 H_2SO_4 加入无氨水中，稀释至 1 L。临用时再稀释 10 倍。

(3) 纳氏试剂：称取 12 g NaOH 溶于 60 mL 水中，冷却，记为 A 溶液；1.7 g $HgCl_2$ 溶于 30 mL 水中；3.5 g KI 溶于 10 mL 水中，一边搅拌，一边将 $HgCl_2$ 溶液慢慢加入 KI 溶液，直到形成的红色沉淀不再溶解，记为 B 溶液；在搅拌条件下，将 A 溶液缓慢加入 B 溶液，再加入剩余的 $HgCl_2$ 溶液，暗处静置 1～2 d，取上清液存于棕色瓶中，塞紧备用。

(4) 酒石酸钾钠溶液：准确称量 50.0 g 四水合酒石酸钾钠($NaKC_4H_4O_6 \cdot 4H_2O$)置于 100 mL 无氨水中，加热煮沸，冷却后定容至 100 mL。

(5) 氨贮备液(1 mg/mL)：称取 1.571 g 干燥后氯化铵，溶于少量无氨水中，移入 500 mL 容量瓶中，定容。

(6) 氨标准溶液(20 μg/mL)：吸取 5.0 mL 氨贮备液于 250 mL 容量瓶中定容，临用前配制。

四、实验步骤

1. 采样

(1) 仪器和流量校正。

(2) 移取 10 mL 硫酸吸收液，放于多孔玻板吸收瓶中，将吸收瓶放入采样器中。以 1.0 L/min 的流量采样 20～30 min。

(3) 采样点数设置与室内面积有关。当室内面积 $P<50\ m^2$ 时，检测点数设置 1 个；当室内面积 P 在 50～200 m^2 之间时，检测点数可以设置 2 个；当室内面积 $P>200\ m^2$ 时，检测点数不少于 3 个。

2. 绘制氨的标准曲线

(1) 分别移取 0 mL、1.0 mL、3.0 mL、5.0 mL、7.0 mL、9.0 mL 氨标准溶液置于 0～6 号 10 mL 比色管中，用硫酸吸收液(0.005 mol/L)稀释到 10 mL 标线，配成一系列氨标准溶液，其中比色管中氨含量分别为 0 μg、2.0 μg、6.0 μg、10.0 μg、14.0 μg、18.0 μg。

(2) 在各比色管中分别加入 0.10 mL 酒石酸钾钠溶液，再分别加入 0.5 mL 纳氏试剂，摇匀，静置 10 min(室温低于 20 ℃时，适当延长静置时间)，在波长 420 nm 下，以水为参比溶液，测定各管吸光度。以氨含量(μg)为横坐标、各管吸光度为纵坐标，绘制标准曲线。以斜率的倒数 B 作为计算因子。

3. 样品测定

(1) 用少量水洗涤比色管，将样品溶液转移至比色管中，采用上述步骤(2)的方法测定样品吸光度 A，测定平行样。

(2) 用 10 mL 未采样的硫酸吸收液作为空白测定吸光度 A_0。

(3) 如果样品吸光度超过标线范围，可用硫酸吸收液稀释后再分析，稀释倍数为 k。

(4) 根据计算公式计算室内空气中氨含量(C_{NH_3})。

五、实验数据和结果(表 1-1，表 1-2)

采样地点：________；气压：________；气温：________

表 1-1 采样数据记录

布点数	气体采集时间/min	采集流量/(L/min)	气体采集量 V_t/L	标准状态 V/L

表 1-2 标准曲线制备和样品测定

管号	0	1	2	3	4	5	样品 1	样品 2
氨标准溶液/mL	0.0	1.0	3.0	5.0	7.0	9.0		
硫酸吸收液/mL	10.0	9.9	9.8	9.5	9.3	1.0		
氨含量/μg	0.0	2.0	4.0	10.0	14.0	18.0		
吸光度								
标准曲线								
样品中氨含量 C_0/μg								

计算环境空气中的氨含量 C_{NH_3}(mg/m^3),按式(1-2)计算：

$$C_{NH_3} = \frac{C_0}{V} = \frac{A - A_0 - a}{V} \times B \times k \tag{1-2}$$

式中：V——标准状态下采样体积,L；

C_0——样品测定中氨含量,μg；

A——样品吸光度；

A_0——空白样品吸光度；

a——标准曲线截距；

B——计算因子,μg/吸光度；

k——稀释倍数。

标准状态下的采样体积可按式(1-3)换算：

$$V = V_t \times \frac{T_0}{273 + T} \times \frac{p}{p_0} \tag{1-3}$$

式中：V——标准状态下采样体积,L；

V_t——实际采样体积,L；

T——采样点气温,℃；

p——采样点气压,kPa；

T_0——标准状态下绝对温度,K；

p_0——标准状态下大气压,kPa。

六、注意事项

(1) 样品采集后应尽快分析,在 2～5 ℃环境下可储存 1 周。

(2) 本实验测定的是空气中氨和颗粒物中铵盐的总量,不能分别测定各自浓度。

(3) 环境空气中氨浓度过高时,需要取部分定量样品稀释后再测定吸光度。

(4) 纳氏试剂毒性较大,取用时须十分小心,接触皮肤时,应立即用水冲洗；含纳氏试剂的溶液,应集中处理。

七、思考题

(1) 室内氨气测定的采样应注意什么?

(2) 样品中含有硫化物、有机物干扰测定时,应如何处理样品?

(3) 实验中加入酒石酸钾钠溶液的作用是什么?

(4) 制备无氨水的常用方法有哪些?

实验二 校园环境的噪声监测与评价(4 学时)

近年来,噪声污染越来越严重,已成为影响城市环境问题的公害之一。《中华人民共和国噪声污染防治法》(2022 年 6 月 5 日起施行)指出,噪声污染是指超过噪声排放标准或者未依法采取防控措施产生噪声,并干扰他人正常生活、工作和学习的现象。噪声污染会对人的心血管系统、神经系统、内分泌系统产生不利影响,影响人们的生活质量。另外,噪声污染对记忆力及语言表达能力也有不良影响。校园作为教学、科研活动的重要场所,对声环境质量要求更加严格。监测和评价校园噪声对美化校园环境、创造更好的学习工作环境尤为重要。

一、实验目的

(1) 以校园作为监测区域主体,根据声环境功能区域的划分类别,明确不同功能区域的区划,明确对应功能区域的环境监测等级标准要求,清楚了解实际监测的布点原则、方式。

(2) 熟悉噪声便携仪器设备的操作,记录分析数据。

(3) 监测校园不同功能区的噪声情况。根据标准,判别目标功能区域的声环境等级与质量。

二、实验原理

1. 等效连续声级 Leq(A)

噪声计中有 A、B、C、D 四种特性网络,也称计权网络,是一套滤波器网络,噪声通过时,不同频率成分得到不同程度的衰减或增强。其中,A 网络可将声音的低频部分滤掉,对高频不衰减或稍有放大,测得的噪声值较接近人的听觉,能很好地模拟人的听觉特性。A 网络测的噪声级称为 A 声级(A 计权声级),单位 dB(A)。目前大多采用 A 声级来衡量噪声的强弱,作为卫生评价声级,并为国际标准化组织(International Organization for Standardization, ISO)所采用。A 声级越高,人们觉得越吵闹。

对于非稳态噪声,在声场某一点上,将测量时段内各瞬时 A 声级的能量平均值称为等效连续 A 声级,记作 Leq(A),单位 dB(A)。其数学表达式为

$$\mathrm{Leq(A)} = 10\lg \frac{1}{T_1 - T_2}\int_{T_2}^{T_1} 10^{0.1L_A}\,\mathrm{d}t \tag{2-1}$$

式中:L_A——t 时刻的瞬时 A 声级,dB(A);

T_2——测量起始时刻;

T_1——测量终止时刻;

$T_1 - T_2$——测量时间段,s。

2. 累积百分声级

累积百分声级是指占测量时段一定比例的累积时间内 A 声级的极小值,用作测量时段

内噪声强度时间统计分布的指标。常用噪声级 L_{10}、L_{50}、L_{90} 表示，由这 3 个噪声级可按式(2-2)近似求出测量时段内的等效噪声级 Leq(A)。

$$\text{Leq(A)} \approx L_{50} + d^2/60$$
$$d = L_{10} - L_{90} \tag{2-2}$$

式中：L_{10}——测定时间内，10%的时间超过的噪声级，相当于噪声的平均峰值；

L_{50}——测量时间内，50%的时间超过的噪声级，相当于噪声平均值；

L_{90}——测量时间内，90%的时间超过的噪声级，相当于噪声的平均本底值。

实际工作中将测得的数据按照从大到小的顺序排列，L_{10} 代表总数的第 10%个数据，其他以此类推。

3. 监测区域功能类型评价标准

(1) 明确监测区域利用类型

Ⅰ类：居住用地、公园绿地、行政办公用地、文化设施用地、教育科研用地、医疗卫生用地、社会福利用地。

Ⅱ类：工业用地、物流仓储用地。

(2) 明确监测区域功能类型

0 类：康复疗养安静区域。

1 类：住宅、科教文卫、行政办公安静区域。

2 类：商贸集市、商业、居住、工业混杂，需维护住宅安静的区域。

3 类：工业生产、仓储物流需防止产生噪声严重影响的区域。

4 类：交通干线两侧需防止噪声严重影响的区域。

(3) 评判标准

社会生活噪声排放源边界噪声不得超过表 2-1 规定的排放限值。

表 2-1　社会生活噪声排放源边界噪声排放限值　　单位：dB(A)

边界外声环境功能区类别	时　段	
	昼　间	夜　间
0	50	40
1	55	45
2	60	50
3	65	55

三、实验器材

Center-329 型噪声计，电池(5 号)：4 节。

仪器通过标准方法校准，测量时要加防风罩。

校准方法：在主菜单下，用“光标”键将光标移到“6. Cail”上按“进入”键，进入校准子菜单，用“光标”键，将光标移到第一行，按“进入”键，仪器进入声校准界面。用声校准器套在传声器上，并打开声校准器开关，按下“进入”键，仪器就开始校准过程了，显示屏右下角显示一个 1～9 的数值，当显示 9 后停止，表示校准结束。再按“进入”键，则将当前新校准出的传声器灵敏度级保存起来。

四、实验步骤

(1) 布点方法：为了更好地了解学校噪声污染的状况，根据学校功能区的布局将学校划分为教学区、居住区、教研区、运动区等4个功能区。每个功能区各选择2个有代表性的监测点，进行噪声监测。

(2) 携带便携噪声计到达指定地点。一般情况下，监测点位距离地面1.2 m以上，尽量避开建筑物、障碍物。手持仪器，离身体0.5 m左右。

(3) 记录监测当天的日期和气象状况，包括风速、风压、气温等。

(4) 传声器要向上，在每个功能区主要噪声来源设置2个监测点，每个监测点测定2组，每组20 min，每2组间隔5 min。测定时每隔15 s记录噪声计读数，读数的同时记录附近的主要噪声来源。

(5) 根据公式计算功能区的噪声值。

(6) 对不同功能区的噪声值进行分析对比。

五、实验记录和结果计算(表2-2)

实验日期：________年________月________日

天气状况________；风速________；风压________；气温________

表2-2 不同功能区噪声监测记录

监测地点	教学区		居住区		教研区		运动区		备注
	1	2	1	2	1	2	1	2	
15 s									
30 s									
45 s									
60 s									
75 s									
⋮									
20 min									

(1) 计算每个监测时间段的等效连续A声级Leq(A)和平均噪声值，dB(A)。

(2) 根据测量所得结果，结合《声环境质量标准》(GB 3096—2008)、《环境噪声监测技术规范 城市声环境常规监测》(HJ 640—2012)判断校园不同功能区的噪声达标情况，评判校园环境的噪声质量等级。

六、注意事项

(1) 正确使用监测设备，保证良好的工作状态，避免使用前后及使用过程中的非器材质量性损坏。

(2) 测量应在无雨雪、无雷电天气，风速为5 m/s以下时进行。特殊气象条件下测量时，应采取必要措施保证测量准确性，同时注明当时所采取的措施。

(3) 注意行动安全，保持分组秩序，遇到疑难问题及时与带队教师沟通。

七、思考题

(1) 影响实际监测活动中位点布置、监测效果的因素有哪些？如何优化、改进或避免？

(2) 从改善生态环境质量的角度讨论哪些措施或者方式可以切实可行地改善不同类型的功能区域声环境质量。

(3) 分析实际监测地噪声污染的情况及原因。

实验三 校园大气环境二氧化碳的非分散红外法测定(4学时)

自工业革命以来,由于人类活动排放了大量的二氧化碳等温室气体,使得大气中温室气体的浓度急剧升高,造成温室效应日益增强。据统计,工业化以前全球年均大气二氧化碳浓度为278 ppm(体积分数,1 ppm为百万分之一),2012年全球年均大气二氧化碳浓度为393.1 ppm,到2014年4月,北半球大气中月均二氧化碳浓度首次超过400 ppm。研究表明,空气中二氧化碳浓度低于2%时,对人没有明显的危害,超过这个浓度则可引起人体呼吸器官损害,即一般情况下二氧化碳并不是有毒物质,但当空气中二氧化碳浓度超过一定浓度时则会使肌体产生中毒现象,高浓度的二氧化碳会让人窒息。动物实验证明:在含氧量正常(20%左右)的空气中,二氧化碳的浓度越高,动物的死亡率也越高。同时,纯二氧化碳引起动物死亡较低氧所致的死亡更为迅速。此外,有人认为,在低氧的情况下,8%~10%浓度的二氧化碳即可在短时间内引起人畜死亡。

一、实验目的

(1) 掌握空气中二氧化碳的不同测定方法原理和对应仪器设备基本操作。

(2) 掌握目标空气环境中待测气体样品的采集方式。

二、实验原理

空气环境中二氧化碳的测定方法包括非分散红外法、气相色谱法、定电位电解法。其中,样品空气以恒定的流量通过颗粒物过滤器进入仪器反应室,二氧化碳选择性吸收以波长4.7 μm为中心波段的红外光,在一定的浓度范围内,红外光吸光度与二氧化碳浓度成正比。

三、实验器材与试剂

1. 主要器材

(1) 进样管路:应采用不与二氧化碳发生化学反应的聚四氟乙烯、氟化聚乙烯丙烯、不锈钢或硼硅酸盐玻璃等材质。

(2) 颗粒物过滤器:安装在采样总管与仪器进样口之间。过滤器除滤膜外的其他部分应为不与二氧化碳发生化学反应的聚四氟乙烯、氟化聚乙烯丙烯、不锈钢或硼硅酸盐玻璃等材质。仪器如有内置颗粒物过滤器,则不需要外置颗粒物过滤器。

(3) 二氧化碳检测仪,如图3-1所示。

2. 主要试剂

(1) 零气:零气由零气发生装置产生,也可由零气钢瓶提供(零气中不存在待测目标成分或者小于规定值,其他组分不干扰待测组分的测定)。

(2) 标准气体:购用市售有证书的标准样。

(3) 滤膜:聚四氟乙烯,孔径不大于5 μm。

图 3-1　二氧化碳检测仪

四、实验步骤

1. 样品的采集与保存

短时间采样：在气样采集点，用现场空气样品清洗采气袋 5～6 次，然后采集空气样品。采样结束后，立即封闭采气袋的进气阀，将所采集样品保存于清洁容器中，送抵实验室并在 24 h 内完成测定分析。

样品空白：在采样现场采集清洁空气，将其与所采集的待测气样一同保存并运送回实验室分析测定。每批次样品不少于 2 个样品空白。

2. 仪器准备

（1）仪器使用前检查：根据使用操作手册设置各项参数，进行调试，指标包括零点噪声、最低检出限、量程噪声、示值误差、量程精密度、24 h 零点漂移和 24 h 量程漂移等。仪器运行过程中需要进行零点检查、量程检查和线性检查，根据需要进行仪器的校准。

（2）仪器校准：仪器量程应根据当地不同季节二氧化碳实际浓度水平确定。当二氧化碳浓度低于量程的 20%时，应选择更低的量程。

仪器校准主要步骤：

① 将零气通入仪器，读数稳定后，调整仪器输出值等于零。

② 将浓度为量程 80%的标准气体通入仪器，读数稳定后，调整仪器输出值等于标准气体浓度值。

3. 样品的测定

（1）实验室测定：按仪器操作说明，将非分散红外线气体分析仪调节至最佳测定状态。将采气袋中的样品空气通过干燥管送入仪器的气室，待读数稳定后，读取二氧化碳的浓度。

（2）现场测定：在采样现场使用非分散红外线气体分析仪，按仪器操作使用说明，将分析仪调节至最佳工作状态。直接将空气样品采入仪器内测定，待仪器读数稳定后，读取并记录二氧化碳浓度。

五、实验结果分析

空气样品中二氧化碳质量浓度的换算，可以根据式(3-1)计算得到，即

$$\rho=\frac{44}{22.4}\times\varphi \tag{3-1}$$

式中：ρ——空气中二氧化碳的质量浓度，mg/m^3；

φ——二氧化碳的体积浓度，$\mu mol/mol$；

44——二氧化碳的摩尔质量，g/mol；

22.4——标准状态下的二氧化碳的摩尔体积，L/mol。

（1）记录实验基本信息。

实验日期：________年________月________日________时________分；

测量地点的经纬度：________；

环境温度：________；环境湿度：________；风力：________级；

测量人姓名：________；班级：________；学号：________

（2）将实验数据填入表 3-1。

表 3-1　二氧化碳数据记录表

地点名称	测量值	测量时间
教学楼树林		
洪泽湖畔		
交通干道边		
教室		
⋮		

六、注意事项

（1）根据监测工作的拟定计划开展监测活动，认真参与、有序实施。

（2）注意监测设备使用规范，熟练掌握监测使用程序和细节。

（3）监测活动中注意安全，注重团组成员配合，提高工作实效。

（4）详细记录各类数据，注重设备使用条件和必要维护，避免设备质量意外的损伤、破坏。

（5）遇有疑难问题及时与带队教师沟通，保证监测工作顺利开展。

七、思考题

（1）影响实际监测活动当中位点布置、监测效果的各类型因素或者条件有哪些？如何优化并有效地避免干扰的产生或者有效将其弱化？

（2）结合实际的监测活动、数据分析效果以及对大气污染状况的评估，采取怎样的实际可行的措施可以改善当前的大气环境质量？

（3）室内二氧化碳的测定，有哪些因素会影响测试结果？

（4）什么是“双碳”战略？我们可以采取什么措施减少二氧化碳的排放？

实验四 电力行业粉尘粒径分布测定——移液管法(4 学时)

随着《大气污染防治行动计划》(国发〔2013〕37 号)、《大气污染防治行动计划实施情况考核办法(试行)》(环发〔2014〕107 号)、《中华人民共和国大气污染防治法》(2018 年)等相关政策的全面实施,我国大气环境污染状况在一定程度上得到控制,但整体仍不乐观,尤其是 PM2.5 和 PM10 的排放。我国能源结构是"富煤、缺油、少气",未来很长一段时间,仍会以煤炭供能为主,电力行业粉尘污染仍比较严重。粉尘均具有一定的粒度分布。粉尘的分散度不同,对人体健康危害的影响程度和适用的除尘机制也不同。

目前我国电力行业电除尘器应用最多。"十二五"期间,电除尘器市场占有率约占 80%,近年来比例有所下降。截至 2015 年 12 月,电除尘器总装机容量约为 6 亿 kW,市场占有率约为 68.56%。对粉尘的粒径分布进行测定可以为电力行业除尘器的设计、选用及除尘机制的研究提供理论数据支撑。

粉尘在生产过程中产生,主要产生于输煤系统作业场所漂浮的煤尘、锅炉运行中的锅炉尘、脱硫工艺中产生的石灰和石灰石粉尘等。

一、实验目的

(1) 了解移液管法的测定原理,理解斯托克斯定律。

(2) 掌握移液管法测定电力行业除尘系统的粉尘粒径分布的过程与步骤。

二、实验原理

移液管法本质是液体重力沉降法,利用不同粒径的尘粒在液体介质中重力沉降速度的不同而使粉尘分级,用以分析除尘系统的粒度分布。

粉尘的沉降速度可以用斯托克斯公式计算:

$$v_t = \frac{(\rho_P - \rho_L) g d_P^2}{18\mu} \tag{4-1}$$

式中:v_t——粉尘的沉降速度,cm/s;

μ——液体的动力黏度,g/(cm · s);

ρ_P——粉尘的真密度,g/cm^3;

ρ_L——液体的真密度,g/cm^3;

g——重力加速度,cm/s^2;

d_P——粉尘直径,cm。

由式(4-1)变形可得

$$d_P = \sqrt{\frac{18\mu v_t}{(\rho_P - \rho_L) g}} \tag{4-2}$$

粉尘的粒径便可以根据其沉降速度求得。但是,直接测定各种粉尘的沉降速度是困难的。沉降速度是沉降高度与沉降时间的比值,可以以此替换沉降速度,推导式(4-2)变为

$$d_{\mathrm{P}}=\sqrt{\frac{18\mu H}{(\rho_{\mathrm{P}}-\rho_{\mathrm{L}})gt}}$$

或

$$t=\frac{18\mu H}{(\rho_{\mathrm{P}}-\rho_{\mathrm{L}})gd_{\mathrm{P}}^{2}} \tag{4-3}$$

式中：H——粉尘的沉降高度，cm；

t——粉尘的沉降时间，s。

粉尘在液体介质中的沉降情况可用图 4-1 表示。将尘样放入存有某种液体介质的玻璃瓶内，经搅拌，使尘样均匀地扩散在整个液体中，如图 4-1 中状态甲。经过 t_1 时间后，因重力作用，悬浮体由状态甲变为状态乙。在状态乙中，直径为 d_1 的粉尘全部沉降到虚线以下，由状态甲变到状态乙，所需时间为 t_1，根据式(4-3)应为

$$t_1=\frac{18\mu H}{(\rho_{\mathrm{P}}-\rho_{\mathrm{L}})gd_1^{2}} \tag{4-4}$$

同理，粒径为 d_2 的粉尘全部沉降到虚线以下(即达到状态丙)所需时间 t_2 为

$$t_2=\frac{18\mu H}{(\rho_{\mathrm{P}}-\rho_{\mathrm{L}})gd_2^{2}} \tag{4-5}$$

粒径为 d_3 的粉尘全部沉降到虚线以下(即达到状态丁)所需时间 t_3 为

$$t_3=\frac{18\mu H}{(\rho_{\mathrm{P}}-\rho_{\mathrm{L}})gd_3^{2}} \tag{4-6}$$

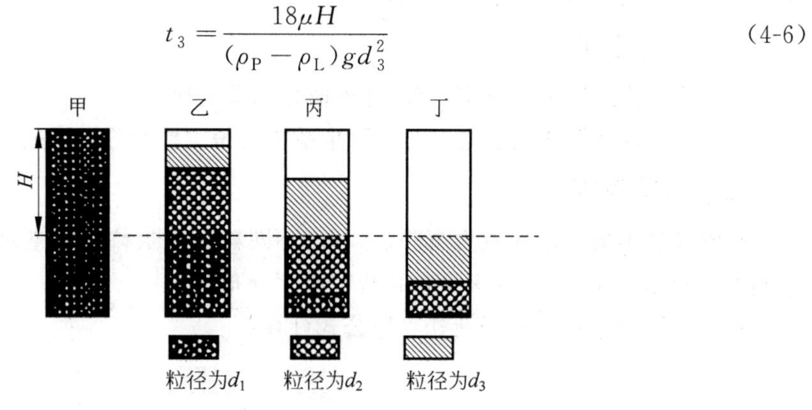

图 4-1 粉尘在液体介质中的沉降过程

三、实验试剂与仪器

(1) 不同粒径的电力行业除尘系统粉尘、六偏磷酸钠。

(2) 分析天平、电烘箱、干燥器、磁力搅拌器、秒表、温度计、注射器、若干称量瓶(30 mL)、烧杯(500 mL)、量筒(1000 mL)、乳胶管、支架及夹子、纱布、搅拌棒、漏斗、直尺等。

(3) 移液管法测定系统主要包括液体重力沉降瓶、移液管、称量瓶、注射器、透明恒温水浴装置等，如图 4-2 所示。

四、实验样品预处理

(1) 取有代表性的粉尘模拟除尘系统粉尘组分，每种粉尘 30～40 g，如有较大颗粒需用 250 目的筛子筛分，放入电烘箱中，在(110±5) ℃的温度下干燥 1 h 至恒重，然后在干燥器

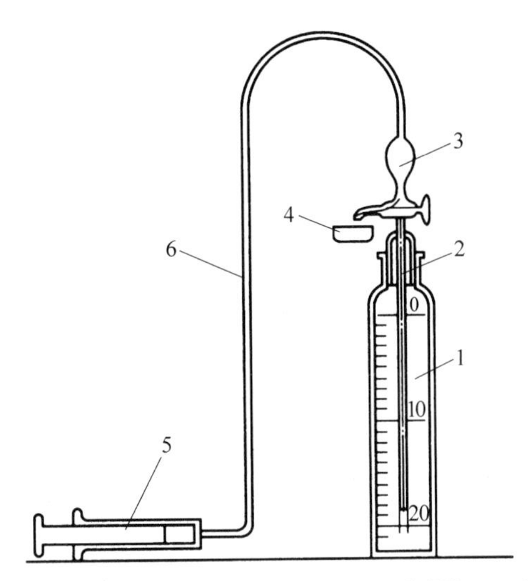

1—沉降瓶；2—移液管；3—带三通活塞的 10 mL 容器；4—称量瓶；5—注射器；6—乳胶管。

图 4-2　移液管法装置

中自然冷却至室温。

(2) 配制浓度为 0.5 mmol/L 的六偏磷酸钠水溶液作为分散液。

五、实验步骤

(1) 清洗玻璃仪器并放入电烘箱内干燥，然后在干燥器中自然冷却至室温。将干燥过的称量瓶分别编号、称重，记作 m_1。

(2) 测定沉降瓶的有效容积，将水加到沉降瓶零刻度线处，用标准量筒测定所需水的体积。

(3) 测定长、中、短移液管的有效长度，然后将自来水注入沉降瓶中到零刻度线处，每吸 10 mL 溶液，测定液面下降高度。

(4) 将粉尘按粒径大小分组，如 5～10 μm、11～20 μm、21～30 μm、31～40 μm、41～50 μm，按式(4-3)计算出每组内最大粉尘由液面沉降到移液管底部所需的时间，即为该粒径的预定吸液时间 T，并记录。

(5) 调节透明恒温水浴装置的水温，与计算沉降时间所采用的温度一致。如无透明恒温水浴装置，可在室温下进行测定。

(6) 称取 30～40 g 干燥过的粉尘于烧杯中，向烧杯中加入 50～100 mL 的分散液，使粉尘全部润湿后，再加液到 300 mL 左右。搅拌 10～15 min，转移至沉降瓶中，将移液管插入沉降瓶中，然后由通气孔继续加分散液直至零刻度线。

(7) 上下转动沉降瓶，使粉尘在分散液中分散均匀，停止摇晃后，用秒表计时，作为起始沉降时间。

(8) 按步骤(4)计算出的预定吸液时间进行吸液。匀速向外拉注射器，液体沿移液管缓慢上升，当吸到 10 mL 刻度线时，立即关闭活塞，使 10 mL 液体和排液管相通，匀速向里推注射器，使 10 mL 液体被压入已称重的称量瓶内。然后由排液管吸蒸馏水冲洗 10 mL 容器，冲洗水排入称量瓶中，冲洗 2～3 次。

按上述步骤对每种粉尘样品进行测定。

(9) 将全部称量瓶放入电烘箱中，首先在低于100 ℃的温度下进行烘干，待水分全部蒸发后，再在(110±5) ℃的温度下烘1 h至恒重；然后在干燥器中自然冷却至室温，取出称量，记作m_2。

六、实验数据

(1) 记录实验基本参数。

实验日期：________年________月________日；实验温度：________；

粉尘名称：________；粉尘真密度(ρ_P)：________；粉尘质量(m)：________；

分散剂名称：________

(2) 将实验数据记入表4-1、表4-2中。

表4-1 电力行业除尘系统粉尘粒径分布记录表(一)

样品编号	吸液管底部刻度 H_1/cm	悬浊液液面刻度 H_2/cm	沉降高度 $H=H_1-H_2$/cm	预定吸液时间 T/s
1				
2				
3				
4				
5				
6				

表4-2 电力行业除尘系统粉尘粒径分布记录表(二)

称量瓶编号	最大粒径 d_P/m	烘干后称量瓶和残留物质量 m_2/g	称量瓶净重 m_1/g	10 mL吸液中粉尘质量 m_i/g	累计频率分布 G_i/%
1					
2					
3					
4					
5					
6					

注：$G_i=(m_i/m)\times 100\%$

七、实验结果分析

(1) 根据实验数据计算10 mL吸液中粉尘的质量：

$$m_i=m_2-m_1-m_3。$$

式中：m_2——烘干后的称量瓶和其中残留物(包括粒径小于d_i的粉尘与分散剂)的质量；

m_1——称量瓶净重；

m_3——10 mL吸液中分散剂的质量。

注：d_i的粉尘是指颗粒i段粒径的最大尺寸，将粉尘按粒径大小分组(如40～50 μm、30～40 μm、20～30 μm、10～20 μm、5～10 μm)，第一段$d_i=50$ μm，其他以此类推。

(2) 根据粉尘的累计频率分布G_i值，绘制粉尘粒径频率分布直方图。

八、注意事项

(1) 每次吸10 mL样品要在10～15 s内完成，开始吸液时间应比计算的预定吸液时间提前 0.5×(10～15 s)＝5～7.5 s。

(2) 每次吸液应准确匀速吸取 10 mL,不允许发生移液管中液体倒流现象。

(3) 向称量瓶中排液时,应防止液体溅出。

九、思考题

(1) 针对不同性质的粉尘,思考影响粉尘沉降性能的因素有哪些?

(2) 绘制而成的粉尘粒径频率分布图是否遵守对数正态分布规律?

实验五 环境空气中 PM2.5 检测及水溶性阴离子测定(4 学时)

大气污染被认为是全球性的环境问题。近年来,以颗粒物(particulate matter, PM)为主的大气污染是导致城市空气质量恶化的重要因素,尤其是粒径小于 2.5 μm 的细颗粒物(PM2.5)。PM2.5 污染威胁人类健康,会引起心血管和呼吸道等疾病,对空气质量和能见度都有重要影响。

在 PM 的各种化学物质中,水溶性无机离子引起科研人员的广泛兴趣,其质量约为 PM 总质量的 35%~60%。尤其是硫酸盐、硝酸盐和铵盐(SNA),在确定颗粒吸湿性和酸性方面起主要作用。细颗粒物中的二次无机气溶胶主要以硫酸铵[$(NH_4)_2SO_4$]、硫酸氢氨(NH_4HSO_4)和硝酸铵(NH_4NO_3)的形式存在,分别来源于硫酸、硝酸与氨的中和。SO_4^{2-}、NO_3^-、NH_4^+ 占 PM2.5 中水溶性离子总质量浓度的 64.59%~93.17%,是大气细颗粒物中最重要的无机组成,也是表征区域污染的重要指标。

PM2.5 来源广泛,包括城市扬尘、燃煤、交通尾气等。为了定量不同排放源对定点污染物影响的相对重要性,常常采用源解析技术对其来源进行深入的探索识别。不同城市的 PM2.5 的来源相差较大。研究当地大气中 PM2.5 的水溶性阴离子的组成及浓度,对于分析其来源,进而制定措施降低污染水平有重要意义。

一、实验目的

(1) 掌握环境空气中 PM2.5 的测定方法。

(2) 了解《环境空气质量标准》(GB 3095—2012)中 PM2.5 浓度限值及主要危害。

(3) 掌握离子色谱仪测定颗粒物中水溶性阴离子的方法。

(4) 了解分析 PM2.5 来源的方法。

二、实验原理

测定某校园 PM2.5 日浓度的原理:通过采样器,以恒定速度抽取定量体积空气,使空气中的 PM2.5 截留到已知质量的滤膜上,根据采样前后滤膜重量差和采样体积,计算 PM2.5 的质量浓度。本实验检出限为 0.010 mg/m^3(感量 0.1 mg 分析天平,样品负载量 1.0 mg)。

离子色谱仪测定水溶性阴离子的原理:利用离子交换原理进行分离。不同阴离子与阴离子交换树脂之间亲和力不同,所以在树脂上保留时间(rention time)不同。根据保留时间不同出峰时间也不同,从而达到离子分离目的。再利用电导检测测定电导率,实现阴离子定量测定。

阴离子交换原理可以用式(5-1)表示:

$$X^- + Y^- R^+ \longrightarrow Y^- + X^- R^+ \tag{5-1}$$

三、实验仪器及试剂

1. 实验仪器

（1）离子色谱仪（ICS-600）（图 5-1），条件如下：

色谱柱：阴离子 AS23 色谱柱。

流速：1.0 L/min。

流动相：4.5 mM$NaCO_3$ 和 0.8 mM$NaHCO_3$ 混合液。

检测器：电导检测器。

（2）PM2.5 采样器、切割器、采样系统一套，切割粒径 $Da_{50}=(2.5\pm0.2)\ \mu m$。

（3）干燥器。

（4）分析天平：感量 0.1 mg 或 0.01 mg。

（5）恒温恒湿箱：温度可调。

（6）容量瓶（1000 mL、100 mL）。

（7）一次性注射器（1 mL）。

（8）移液管（10 mL、2 mL、5 mL）。

（9）镊子。

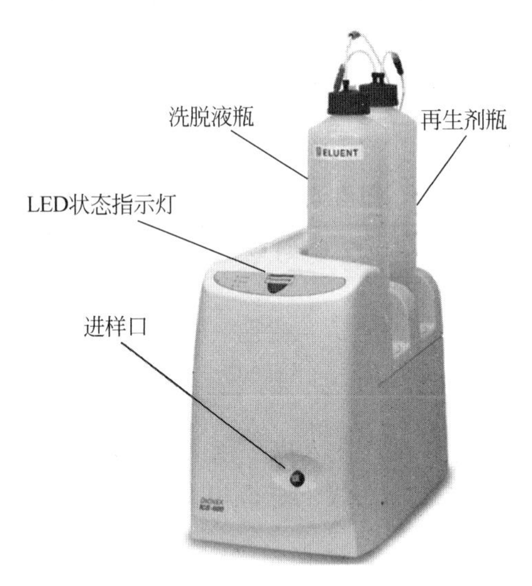

图 5-1　ICS-600 离子色谱仪

2. 试剂

玻璃纤维滤膜或石英滤膜（对 0.3 μm 粒子截留率不低于 99%），碳酸钠（优级纯），碳酸氢钠（优级纯），氯离子、硝酸根、硫酸根标准贮备液 1000 μg/mL（购买或配制）。

四、实验样品预处理

滤膜恒重称重：滤膜在恒温恒湿箱内（温度 15～30 ℃，湿度 15%～55%），平衡 48 h 后称重，再次在相同条件下平衡 1 h 后称重。两次质量之差小于 0.4 mg 或 0.04 mg 即为恒重。称重后放入干燥器备用。

五、实验步骤(含标准曲线的制作)

(1) 采样。用镊子将已称重的滤膜(m_1)放入洁净采样夹内的滤网上,滤膜毛面是进气方向。将滤膜牢固压紧。在校园实验室楼顶设立两个采样点,采样器入口距离地面不得低于1.5 m。使用中流量(60~125 L/min)采样器采样6 h后,用镊子将滤膜取出。将有尘面两次对折,放入样品盒,做好标记。滤膜采集后,如不能立即称重,应在4 ℃条件下冷藏保存。

(2) 在滤膜恒重相同实验条件下平衡48 h(温度15~30 ℃,湿度15%~55%),再次称量,记为质量m_2。

(3) 将石英滤膜剪成条状,浸泡在10 mL去离子水中,超声提取30 min,摇匀后静置,取上清液。

(4) 阴离子标准曲线制备。

① 混合标准溶液的制备。分别移取50.00 mL氯离子标准贮备液、10.00 mL硝酸根离子标准贮备液和50.00 mL硫酸根离子标准贮备液于1000 mL容量瓶中,用水稀释至刻度,定容。该溶液中含有50 mg/L的Cl^-、10 mg/L的NO_3^-和50 mg/L的SO_4^{2-}。

② 标准曲线的绘制。分别移取0.00 mL、1.00 mL、2.00 mL、5.00 mL、10.00 mL、20.00 mL混合标准溶液于100 mL容量瓶中,定容。则标准溶液质量浓度如表5-1所示。按照其质量浓度由低到高依次进样,以各离子质量浓度(mg/L)为横坐标,以峰面积或峰高为纵坐标,绘制标准曲线并计算回归方程。

表5-1 阴离子系列标准溶液质量浓度

离子名称	标准溶液质量浓度/(mg/L)					
Cl^-	0.00	0.50	1.00	2.50	5.00	10.00
NO_3^-	0.00	0.10	0.20	0.50	1.00	2.00
SO_4^{2-}	0.00	0.50	1.00	2.50	5.00	10.00

③ 样品测定。按照步骤②将试样注入离子色谱仪进行测定。对样品测定平行样,根据待测阴离子的峰高或峰面积,从标准曲线上查得相应浓度,记入表5-2中。

六、实验数据记录

(1) PM2.5浓度检测。

气温:________;压力:________;监测地点:________

温度:________;湿度:________

PM2.5的质量浓度$\rho_{PM2.5}$按式(5-2)计算:

$$\rho_{PM2.5}=\frac{m_2-m_1}{V} \tag{5-2}$$

式中:$\rho_{PM2.5}$——PM2.5的质量浓度,$\mu g/m^3$;

m_2——采样后滤膜质量,μg;

m_1——采样前空白滤膜的质量,μg;

V——实际采样体积,m^3。

（2）水溶性阴离子测定，如表 5-2 所示。

表 5-2　水溶性阴离子浓度　　单位：mg/L

	Cl^-	NO_3^-	SO_4^{2-}
第一次样品			
第二次样品			
平均值			

七、注意事项

（1）将采集的样品做好标记，封装，并避光保存。滤膜采集后，如不能立即称重，应在 4 ℃下冷藏保存。

（2）风速大于 8 m/s 时不宜采样，采样点应避开污染源及障碍物。

（3）采样前后，滤膜称量应使用同一台分析天平。

八、思考题

（1）计算 1 h 平均 PM2.5 浓度，分析当地空气质量状况。

（2）根据水溶性硫酸根和硝酸根离子浓度，分析校园 PM2.5 的可能来源。

（3）PM2.5 源解析主要有哪几类方法？

实验六　分光光度法测定家庭装修甲醛残留含量(6学时)

甲醛(HCHO),又称蚁醛,是无色有刺激性的气体,易溶于水、醇和醚。甲醛熔点较低,为−92 ℃,沸点为−19 ℃。甲醛聚合物受热易发生解聚反应,室温下能放出气态甲醛,在室内通常以气体形式存在。

在《室内空气质量标准》(GB/T 18883—2022)中甲醛含量1 h平均限值是0.08 mg/m^3。根据《民用建筑工程室内环境污染控制标准》(GB 50325—2020)规定,Ⅰ类民用建筑工程包括住宅、医院、幼儿园、学校教室等,甲醛含量限值是0.07 mg/m^3;Ⅱ类民用建筑工程包括办公室、商店、娱乐场所等,甲醛含量限值是0.08 mg/m^3。

室内空气污染物甲醛主要来源于建筑材料、室内装潢及家具上的涂料、墙壁涂抹的油漆、新铺设的人造地板、合成织品等。甲醛对人体健康的影响最为显著。接触甲醛后对皮肤有刺激作用,会使得指甲变软变脆,引起眼睛发红、发痒、喉咙痛等症状。长期暴露于甲醛超标的环境中可降低机体的呼吸功能、神经系统的信息整合功能和影响机体的免疫应答,对心血管系统、内分泌系统、消化系统、生殖系统具有毒副作用。症状包括头痛、乏力、食欲缺乏、心悸、失眠、体重减轻及神经紊乱等。甲醛除引起刺激性慢性疾病外,还能与空气中的离子性氧化物反应生成致癌物——二氯甲基醚。世界卫生组织将甲醛污染、高血压等列为人类健康的十大威胁,认为甲醛与白血病发生之间存在着因果关系。甲醛污染与儿童白血病之间的关系应该引起全社会关注。

在动物实验中,大鼠经口摄入甲醛的LD_{50}(半数致死量)为800 mg/kg,兔子经皮肤吸收甲醛的LD_{50}为2700 mg/kg,大鼠经呼吸道吸入甲醛的LD_{50}为590 mg/m^3。甲醛能导致鼠伤寒沙门菌和大肠埃希菌发生突变。以0.5 mg/m^3、1.0 mg/m^3和3.0 mg/m^3浓度的甲醛连续动态染毒小鼠72 h,骨髓嗜多染红细胞微核率显著升高。2017年10月27日,世界卫生组织国际癌症研究机构公布的致癌物清单中,甲醛被列在一类致癌物中。

一、实验目的

(1) 了解室内装修污染物甲醛的主要性质和危害。

(2) 了解室内污染物甲醛的采样方法。

(3) 掌握酚试剂分光光度法测定空气中甲醛含量的原理和操作方法。

(4) 掌握大气采样器的使用方法。

二、实验原理

室内空气甲醛含量的测定方法有酚试剂分光光度法、乙酰丙酮分光光度法[《空气质量 甲醛的测定 乙酰丙酮分光光度法》(GB/T 15516—1995)]、变色酸比色法、盐酸副玫瑰苯胺比色法、AHMT比色法等化学方法,也包括气相色谱、微分脉冲极谱、高效液相色谱、离子色谱等仪器方法等。化学法中乙酰丙酮分光光度法对共存的酚和乙醛等无干扰,操作简易、重现性好,一般适用于橡胶制造、涂料等行业的排放废气及甲醛蒸气测定。变色酸比色法显色稳定,但需使用浓硫酸,操作不便,且共存的酚会干扰测定。两种方法均需在沸水浴中加热显色。AHMT 比色法在室温下能显色，且 SO_3^{2-}、NO_2^- 共存时不干扰测定，灵敏度较高。酚试剂法在常温下显色，已被推荐为公共场所空气中甲醛的测定方法[《公共场所卫生检验方法 第 2 部分：化学污染物》(GB/T 18204.2—2014)]。本实验采用酚试剂分光光度法。

酚试剂分光光度法的原理：甲醛与酚试剂发生反应生成嗪，在酸性介质下，在 Fe^{3+} 存在的条件下，生成蓝绿色化合物。在波长 630 nm 处，根据颜色深浅，比色定量。

空气同时存在二氧化硫时，会干扰甲醛测定，使得甲醛测定结果偏低。可将气体先通过硫酸锰滤纸过滤器，予以排除。20 μg 酚、2 μg 乙醛及二氧化氮在一般情况下对本法无干扰。

三、实验器材及试剂

1. 实验器材

(1) 分光光度计，1 台。

(2) 10 mL 多孔玻板吸收瓶，3 只。

(3) 空气采样器，1 台。

(4) 10 mL 具塞比色管，10 支。

(5) 比色管架。

(6) 容量瓶。

(7) 移液管。

(8) 250 mL 碘量瓶。

2. 试剂

甲醛溶液(36%～38%)，酚试剂(3-甲基-苯并噻唑酮腙盐酸盐水合物，$C_6H_4SN(CH_3)C:NNH_2 \cdot HCl$，MBTH)，硫代硫酸钠($Na_2S_2O_3$)，异戊醇，十二水合硫酸铁铵[$NH_4Fe(SO_4)_2 \cdot 12H_2O$]，可溶性淀粉，水杨酸。

(1) 吸收原液：称取 0.10 g 酚试剂，溶于水中，稀释至 100 mL，并存于棕色瓶中，冰箱内可稳定使用 3 d。

(2) 吸收液：采样时量取 5 mL 吸收原液加入 95 mL 水，即为吸收液。采样时现用现配。

(3) $Na_2S_2O_3$ 标准溶液(0.1000 mol/L)：称取 26 g 硫代硫酸钠和 0.2 g 无水碳酸钠溶于 1000 mL 水中，加入 10 mL 异戊醇，充分混合后存于棕色瓶中。或购买标准试剂配制。

(4) 硫酸铁铵溶液(10 g/L)：称量 1.0 g 硫酸铁铵，用 0.1 mol/L 盐酸溶解，并稀释至 100 mL。

(5) 碘溶液(0.1000 mol/L)：称取 40 g 碘化钾，溶于 25 mL 水中，加入 12.7 g 碘。待碘完全溶解后，用水定容至 1000 mL。移入棕色瓶中，于暗处储存。

(6) 氢氧化钠溶液(1 mol/L)：称量 40 g 氢氧化钠，溶于水中，稀释至 1000 mL。

(7) 硫酸溶液(0.5 mol/L)：取 28 mL 浓硫酸缓慢加入水中，冷却后，稀释至 1000 mL。

(8) 淀粉溶液(0.5%)：将 0.5 g 可溶性淀粉用少量水调成糊状后，再加入 100 mL 沸水，煮沸 2～3 min 至溶液透明。冷却后，加入 0.1 g 水杨酸或者 0.4 g 氯化锌保存。

(9) 甲醛标准溶液：量取 2.8 mL 甲醛，用水稀释至 1000 mL，作为甲醛标准贮备液，此溶液 1 mL 约相当于 1 mg 甲醛，其准确浓度需用碘量法标定。临用时，将甲醛标准贮备液用水稀释 100 倍(变成 10 μg/mL)。立即取此溶液 10.00 mL，加入 100 mL 容量瓶中，再加入 5 mL 吸收原液，用水定容至 100 mL，此液 1.00 mL 含 1.00 μg 甲醛，放置 30 min 后，用于配制标准溶液系列。此标准溶液可稳定 24 h。

碘量法标定甲醛标准贮备液：精确量取 20.00 mL 待标定的甲醛标准贮备液，置于 250 mL 碘量瓶中。加入 20.00 mL 碘溶液和 15 mL 氢氧化钠溶液，放置 15 min 后，加入 20 mL 硫酸溶液，再次放置 15 min，用硫代硫酸钠溶液滴定，至溶液呈现淡黄色，加入 1 mL 淀粉溶液继续滴定至蓝色恰好褪去为止，记录所用硫代硫酸钠溶液体积 V_1，同时用水做试剂空白滴定，记录空白滴定所用硫代硫酸钠溶液 V_2。测定平行样，甲醛标准贮备液的浓度 C(mg/L)可用式(6-1)计算：

$$C=(V_2-V_1)\times M\times 15/20 \tag{6-1}$$

式中：V_2——试剂空白消耗硫代硫酸钠溶液体积，mL；

V_1——甲醛标准贮备液消耗硫代硫酸钠溶液体积，mL；

M——硫代硫酸钠溶液的准确质量浓度，mg/L；

15——甲醛的换算值；

20——甲醛标准贮备液体积，mL。

平行测定样误差应小于 0.05 mL，否则需要重新标定。

四、实验步骤

1. 采样

(1) 根据《室内空气质量标准》(GB/T 18883—2022)(2023 年 2 月 1 日起施行)，单间室内面积 $S<25\ m^2$ 的房间设 1 个采样点；S 在 25～50 m^2(不含)的房间应设 2～3 个采样点；当室内面积 S 在 50～100 m^2(不含)时布设 3～5 个采样点；当 S 超过 100 m^2 时，要至少布设 5 个采样点。

室内 1 个采样点位置设在房间中央，两个点的设置应在室内对称点上，两个以上的采样点应按照均匀布点原则布置，一般在对角线上或梅花式均匀分布。采样点离开门窗一定距离，一般不小于 1 m；距地面 0.5～1.5 m。应避开风口和热源。

(2) 采样一般在装修完成 7 d 后或入住前进行。根据《室内空气质量标准》，检测前应关闭门窗、空气净化设备及新风系统至少 12 h。

(3) 采样方法。采样时应关闭门窗，一般至少采样 45 min。一般采样间隔时间为 10～15 min，每个点位至少采集 4～5 次样品，监测结果的时间加权平均值为该点位的小时均值。

(4) 采样时先检查采样系统的气密性，不得漏气。移取 5.0 mL 吸收液至多孔玻板吸收瓶或大型气泡吸收瓶，放入空气采样器，以 0.2 L/min 流量采气 10 L。记录采样点的温度和大气压力，样品应在 24 h 内进行分析。

2. 标准曲线绘制

取 9 支 10 mL 比色管，用甲醛标准溶液，按照表 6-1 制备标准系列。然后向各管中加硫酸铁铵溶液 0.4 mL，摇匀，在室温 8～35 ℃下显色 15～20 min。用 1 cm 比色皿，在波长 630 nm 下，以水为参比，测定各管溶液的吸光度。以甲醛含量为横坐标，吸光度为纵坐标绘制标准曲线图，并计算标准曲线斜率 B。

表 6-1 甲醛标准曲线系列

编 号	0	1	2	3	4	5	6	7	8
标准溶液/mL	0.00	0.10	0.20	0.40	0.60	0.80	1.00	1.50	2.00
吸收液/mL	5.00	4.90	4.80	4.60	4.40	4.20	4.00	3.50	3.00
甲醛含量/μg	0.00	0.10	0.20	0.40	0.60	0.80	1.00	1.50	2.00
吸光度									

3. 样品测定

采样后，将各样品溶液分别转移至 10 mL 比色管中，用少量吸收液清洗吸收瓶，合并使得总体积为 5.0 mL。按照标准曲线绘制的操作步骤测定其吸光度(A)。同时用 5 mL 吸收液做试剂空白，测定试剂空白的吸光度(A_0)。取 3 组样品做平行样。根据甲醛含量标准曲线图，计算甲醛含量值。

五、结果计算

1. 标准状态下体积换算

将采样体积按照式(6-2)换算成标准状态下采样体积

$$V_0 = V_t \times \frac{T_0}{273 + t} \times \frac{P}{P_0} \tag{6-2}$$

式中：V_0——标准状态下采样体积，L；

V_t——实际采样体积(采样流量与采样时间乘积)，L；

t——采样点气温，℃；

T_0——标准状态下绝对温度，273 K；

P——采样点实际大气压，kPa；

P_0——标准状态下大气压，101 kPa。

2. 空气中甲醛浓度

空气中甲醛浓度按照式(6-3)进行计算：

$$C_a = \frac{(A - A_0) \times B}{V_0} \tag{6-3}$$

式中：C_a——室内空气中甲醛质量浓度，mg/m^3；

A——采样样品溶液的吸光度；

A_0——空白溶液吸光度；

B——由标准曲线绘制中得到的标准曲线斜率，μg/吸光度；

V_0——标准状态下采样体积，L。

六、注意事项

(1) 绘制标准曲线与样品测定时温度不宜超过 2 ℃。

(2) 室温低于 15 ℃时，显色不完全。可以在 25 ℃水浴中保温操作。

(3) 硫酸锰滤纸制备：取 10 mL 浓度为 100 g/L 的硫酸锰水溶液，滴加到 250 cm 玻璃纤维滤纸上，风干后切成 2 mm×5 mm 的碎片，装入 15 mm×150 mm 的 U 形玻璃管中，采样时，接在甲醛吸收瓶之前。

(4) 本法显色反应适宜 pH 值范围 3～7，而以 pH 值为 4～5 最好。

七、思考题

(1) 为何不选用纯水作为甲醛吸收液？

(2) 酚试剂分光光度法测定空气中甲醛的关键步骤是什么？

(3) 硫酸铁铵为何要用酸性溶剂配制？

(4) 标定甲醛时，在加入 30%氢氧化钠溶液后，至颜色明显减退，为何需放置后再观察颜色？

(5) 若空气中有二氧化硫存在时，会对甲醛测定结果产生什么影响？应如何排除影响？

(6) 硫代硫酸钠溶液如何标定？

实验七　室内挥发性有机物快速测定实验(4学时)

根据世界卫生组织的定义,挥发性有机物(volatile organic compounds, VOCs)是在常温下,沸点在50～260 ℃的各种有机化合物。在我国,一般指在20 ℃条件下,蒸气压大于或等于0.01 kPa的全部有机物。根据"十三五"挥发性有机物污染防治工作方案,VOCs是指参与大气光化学反应的有机化合物,包括非甲烷烃类,含氧、氯、氮、硫有机物等,是形成臭氧和细颗粒物污染的重要前驱物。通常用一个量化总挥发性有机物(total VOC,TVOC)来表示室内空气挥发性有机物的总污染水平。

室内装修所排放的TVOC主要来自煤气、天然气的燃烧,建筑和装饰材料,特别是油漆、涂料和胶黏剂,还来自室内办公用品、各种生活用品、洗护用品、人体排泄物等。TVOC有刺激性,部分化合物有毒性,能引起机体免疫水平失调,影响呼吸系统、消化系统,使人出现食欲不振、恶心等现象。在最新的室内空气质量标准(GB/T 18883—2022)中,TVOC 8 h平均排放限值为0.60 mg/m^3。

一、实验目的

(1) 掌握大气中TVOC的测定方法和基本原理。

(2) 分析室内VOCs的主要危害。

(3) 了解空气质量标准中TVOC、甲醛、氨的限值。

二、实验原理

本实验通过便携式设备,测定校园不同区域内的TVOC和甲醛、甲苯、二甲苯的浓度,分析区域空气质量状况和影响因素。

三、实验设备及试剂

1. 实验设备

德耳斯室内空气检测仪(DES-3A-220V,图7-1)流量范围：6×2 L/min,温度湿度计,气压计。

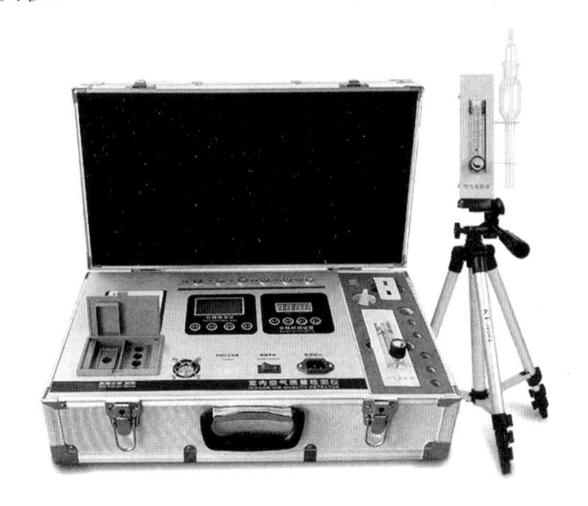

图7-1　德耳斯室内空气检测仪

2. 试剂

甲醛检测试管，甲苯、二甲苯、氨、TVOC 检测试管。

四、实验步骤

1. 准备工作

对仪器设备进行调试(操作可通过手机在线设置，如图 7-2 所示)。

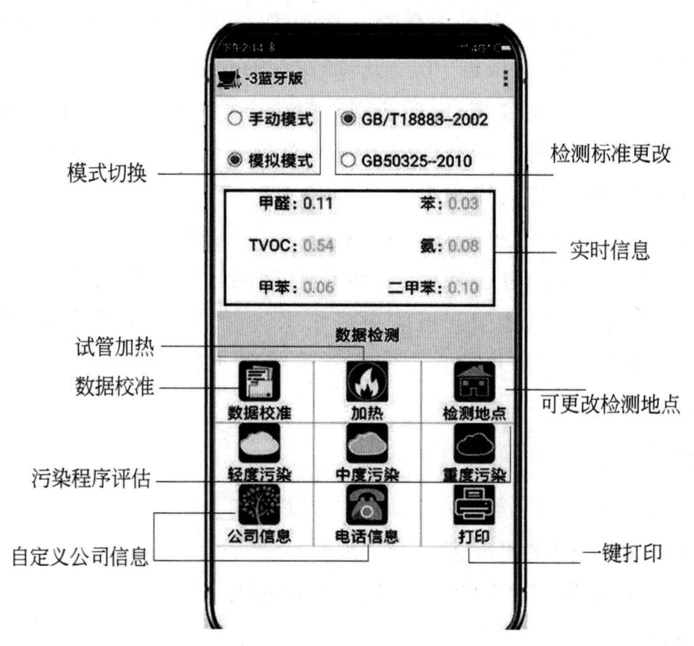

图 7-2 手机在线功能图示

2. 布点

在学校不同功能区域，包括食堂、宿舍、教学楼、实验楼各取一个点位。每个点位的布点数量根据室内面积设定。原则上单间小于 25 m^2 的房间设 1 个点，25～50 m^2 的房间设 2～3 个点，50～100 m^2 房间设 3～5 个点，100 m^2 及以上房间至少设 5 个点。布点离墙壁大于 0.5 m，相对高度距离地面 0.5～1.5 m。

3. 气象条件记录

记录当天测定时的地点、气温、大气压力、风速和相对湿度。

4. 仪器参数设置

预热 2 min，苯、甲苯、二甲苯检测时间为 10 min，氨、甲醛、TVOC 检测时间为 20 min(表 7-1)。

5. 测定

将仪器固定在测试点，开启仪器，测定 20 min 后记录数据。10 min 后进行第二次测定。连续记录 6 h 监测数据。

表 7-1　设备测量参数一览表

检测项目	测量范围/(mg/m^3)	检测时间/min	国家标准/(mg/m^3)
甲醛	0.01～1.6	20	0.08
苯	0.05～4	10	0.03
氨	0.05～3	20	0.20
甲苯	0.05～4	10	0.20
二甲苯	0.05～4	10	0.20
TVOC	0.05～4	20	0.60

6. 其他

记录 6 h 内人员数量情况、是否有人抽烟等特殊事件。

五、实验结果与讨论(表 7-2)

(1) 实验结果记录

气温：________；大气压力：________；风速：________；相对湿度________

表 7-2　监测点污染物质测定结果

地点	采样点	污染物质测定/(mg/m^3)					
		甲醛	苯	氨	甲苯	二甲苯	TVOC
教学楼	1						
	2						
	平均浓度						
实验楼	1						
	2						
	平均浓度						
食堂	1						
	2						
	平均浓度						
宿舍	1						
	平均浓度						

(2) 根据每个区域采样点污染物浓度计算区域平均浓度。

(3) 分析区域室内污染情况。

六、注意事项

(1) 采样点应避开通风口，避开高大设备。

(2) 仪器使用前，应按照要求进行检验和校正。

(3) 监测过程应听从带队老师统一安排。

七、思考题

(1) 校园不同功能区室内空气污染有什么特点?

(2) 学校室内空气质量如何? 空气质量与哪些因素有关?

(3) 如何改善室内空气质量?

实验八　空气中可吸入颗粒物(PM10)和细颗粒物(PM2.5)的测定(4学时)

通常把飘浮在空气中的固态和液态、粒径为0.1～100 μm的各种颗粒，称作总悬浮颗粒物(total suspended particulates，TSP)。其中，粒径在10 μm以下的颗粒物称为可吸入颗粒物，又称PM10。粒径在2.5 μm以下的颗粒物，则称为细颗粒物，又称PM2.5。

PM10能够在环境空气中长期飘浮，可经过呼吸道沉积于人体的肺泡中。慢性呼吸道炎症、肺气肿、肺癌的发病与空气中PM10的污染程度明显相关。另外，PM10的吸附能力，可以使之成为大气污染物的载体。相较PM10，PM2.5能更加长久地悬浮于空气中，在空气中含量浓度越高，则对空气造成的污染越严重。虽然PM2.5只是地球大气成分中含量很少的组分，但它对空气质量和能见度等有重要的影响。与较粗的大气颗粒物相比，PM2.5粒径小，比表面积大，活性强，易附带有毒、有害物质(如重金属、多环芳烃、微生物等)，且在大气中的停留时间长、输送距离远，因而对人体健康和大气环境质量的影响更大。本次实验利用大气颗粒物采样器，采集目标环境中的含颗粒物气体样品，通过重量法分析测定空气中PM10、PM2.5的含量。

一、实验目的

(1) 掌握颗粒物采样器的使用和样品采集方式。

(2) 掌握颗粒物的测定分析方法，了解颗粒物测定的实验质量保证手段。

二、实验原理

根据目标物的测定，选择合适的颗粒物采样器采集空气样品，使空气以恒定的速度，分别通过具有PM10和PM2.5切割性能的采样器。从而使得PM10和PM2.5被分别截留在已知质量的滤膜上，然后根据采样前后滤膜的质量差和采样体积，计算出空气中PM10和PM2.5的浓度。

三、实验器材与试剂

1. 主要器材

(1) 大流量颗粒物采样器：采样器由切割器、滤膜夹、流量计、抽气泵等构成，采样流量一般为：1.05 m^3/min。其中PM10采样器基本性能为切割器的切割粒径 $Da_{50}=(10\pm0.5)$ μm；捕集效率的几何标准差 $\sigma_g=(1.5\pm0.1)$ μm；PM2.5采样器基本性能为切割器的切割粒径 $Da_{50}=(2.5\pm0.2)$ μm；捕集效率的几何标准差 $\sigma_g=(1.2\pm0.1)$ μm。

(2) 气压计：用于测定流量校准时的环境大气压。

(3) 温度计：用于测定流量校准时的环境大气温度。

(4) 湿度计：用于测定环境的空气湿度。

(5) 滤膜保存盒：利用惰性材质的、对滤膜没有影响的滤膜桶或者滤膜盒存放滤膜及滤膜夹。

(6) 恒温恒湿箱：箱内空气温度在 15～30 ℃可调，控温精度±1 ℃。箱内空气相对湿度应控制在(50±5)%。恒温恒湿箱可连续工作。

(7) 大流量孔口流量计：用于采样器的流量校准，量程 0.8～1.4 m^3/min，误差不超过 2%。

(8) 干燥器：盛有变色硅胶。

(9) 分析天平。

(10) 镊子。

2. 试剂

(1) 变色硅胶。

(2) 滤膜：可以选用玻璃纤维滤膜、石英滤膜等无机滤膜或聚氯乙烯、聚丙烯、混合纤维素等有机滤膜。

四、实验步骤

1. 采样前的准备

(1) 采样器的切割器清洗：在通常情况下，采样时长达到 168 h 就需要清洗一次，如果遇到扬尘等重污染天气，则需要在使用前后及时清洗，或者根据当地的空气质量确定清洗的频率。

(2) 采样器流量的校正。

① 从气压计、温度计分别读取环境大气压和环境温度。

② 将采样器采气流量换算成标准状态下的流量，按式(8-1)计算

$$Q_n = Q\frac{P_1 T_n}{P_n T_1} \tag{8-1}$$

式中：Q_n——标准状态下的采样器流量，m^3/min；

Q——采样器采气流量，m^3/min；

P_1——流量校准时环境大气压力，kPa；

T_n——标准状态下的绝对温度，273 K；

T_1——流量校准时环境温度，K；

P_n——标准状态下的大气压力，101.325 kPa。

③ 将计算的标准状态下流量 Q_n 代入式(8-2)，求出修正项 y，即

$$y = bQ_n + a \tag{8-2}$$

式中的斜率 b 和截距 a 由孔口流量计的标定部门给出。

④ 计算孔口流量计压差值 ΔH(Pa)：

$$\Delta H = \frac{y^2 P_n T_1}{P_1 T_n} \tag{8-3}$$

⑤ 打开采样头的采样盖，按正常采样位置，放一张干净的采样滤膜，将大流量孔口流量计的孔口与采样头密封连接，孔口的取压口接好 U 型管压差计。

⑥ 接通电源，开启采样器，待工作正常后，调节采样器流量，使孔口流量计压差值达到计算的 ΔH。

在采样器的正常使用频次和状态下，每月进行一次流量的校准即可。

(3) 采样器气密性检查：使用前，检查滤膜是否有孔洞或者破损等缺陷，根据需要更换

滤膜。当滤膜正确放置后，要检查采样头的气密性，当不存在漏气情况时，采样后滤膜上颗粒物应与周边的白色材质界线明显，如果出现界线模糊，则应当更换滤膜密封垫。

(4) 空白滤膜的预处理：使用前，先检查滤膜的质量状况，确保滤膜边缘平整、厚薄均匀、无毛刺、无污染，不存在针孔或者破损，然后进行滤膜的恒重预处理。

将滤膜进行平衡处理至恒重：

① 将滤膜置于恒温恒湿箱中，温度控制在 15～30 ℃的任意点，控温精度为±1 ℃，箱内湿度控制在(50±5)%。滤膜在上述条件下，平衡不少于 24 h。

② 记录平衡温度、相对湿度。在与平衡滤膜相同的条件下，用分析天平称量平衡后的滤膜质量，记录滤膜质量和序列等相关信息。

③ 称量后的滤膜，在相同条件下平衡 1 h 后，再二次称量其质量，两次称量的质量差应小于 0.4 mg。称量好的滤膜，应平展地放置、保存在滤膜盒中，使用前不能有弯曲或者折叠。

2. 样品的采集与保存

(1) 样品的采集

开始采样前，用无锯齿镊子将已恒重且称重的滤膜放入清洁的滤膜夹内，滤膜毛面朝向进气方向，然后将滤膜固牢压紧；将滤膜夹正确放置在采样器中，按照仪器说明开展操作并正确设置采样时间等相关参数，启动采样器开始样品的采集。采样结束后，用镊子小心取出滤膜，将滤膜采样面朝里对折，然后放入保存盒或者样品袋中。

(2) 样品的保存

样品采集完成后，滤膜应尽快平衡称量检测。如果来不及平衡称量，须将滤膜在 4 ℃下密闭、冷藏保存，最长保存期不超过 30 d。

(3) 采集原则与要求

采样时，采样器入口距地面高度不得低于 1.5 m，切割器流路应当垂直于地面。采样不宜在风速大于 8 m/s 的天气条件下进行。采样点应避开污染源及障碍物。如果测定交通枢纽处的 PM10 和 PM2.5，采样点应布置在距人行道边缘外侧 1 m 处。

采用间断采样方式测定日平均浓度时，其次数不应少于 4 次，累积采样时间不应少于 18 h(测定 PM2.5 的日均浓度时，每天的采样时间不少于 20 h)。

在采样过程中，如果采样器中途断电，导致累积采样时长未达到要求的时长，则该批样品作废，需要重新实验测定。

3. 样品的称量

将滤膜置于恒温恒湿箱中，温度控制在 15～30 ℃的任意点，控温精度为±1 ℃，箱内湿度控制在(50±5)%条件下，平衡 24 h。用分析天平称量平衡后的滤膜(称量精确到 0.1 mg)，并记录滤膜质量。

五、实验结果分析

颗粒物(PM2.5 或者 PM10)浓度根据式(8-4)进行计算：

$$\rho=\frac{W_1-W_2}{V}\times 1000 \tag{8-4}$$

式中：ρ——PM2.5 或者 PM10 浓度，mg/m^3；

W_1——空白滤膜的质量，g；

W_2——采样后滤膜的质量，g；

V——已换算成标准状态(101.325 kPa，273 K)下的采样体积，m^3。

计算结果保留 3 位有效数字，小数点后数字可保留到第 3 位。

六、注意事项

(1) 采样器需要在每次使用前进行流量校准。

(2) 滤膜使用前均需要进行质量检查，不能有任何缺陷。在称量过程中，要消除静电影响。

(3) 取清洁滤膜若干张，在恒温恒湿箱中，按实验方法平衡 24 h，称量。每张滤膜非连续称量 10 次以上，求每张滤膜的平均值作为该张滤膜的原始质量。以上述滤膜作为"标准滤膜"。每次称滤膜的同时，称量两张"标准滤膜"。若标准滤膜称出的质量在原始质量 ±5 mg(大流量)的范围内，则可以认为该批样品滤膜称量合格，数据可用。否则应检查称量条件是否符合要求并重新称量该批样品滤膜。

(4) 采样后的滤膜，如果发现有破损、滤膜上尘样的轮廓界线不清晰、安放位置歪斜等，说明采样的气密性不好，所得样品作废，需要重新检查仪器，重新采样。

(5) 当 PM10 或 PM2.5 含量很低时，采样时间不能过短。采样前后，滤膜称量应使用同一台分析天平。

七、思考题

(1) 结合环境监测中大气采样位点的设置原则和方法，讨论如何才能尽量保证所采样品的代表性？

(2) 在实验环境和操作过程中，干扰滤膜称量准确性的因素有哪些？如何消除或者弱化影响？

实验九 空气中氮氧化物的测定(4 学时)

氮氧化物指的是由氮、氧两种元素组成的化合物，主要包括一氧化二氮(N_2O)、一氧化氮(NO)、二氧化氮(NO_2)、三氧化二氮(N_2O_3)、四氧化二氮(N_2O_4)和五氧化二氮(N_2O_5)等。氮氧化物大多不稳定，遇光、遇湿、遇热会转变为二氧化氮和一氧化氮。同时，一氧化氮又会随之转变为二氧化氮。因此，被看作环境监测质保的氮氧化物(NO_x)通常指的是 NO 和 NO_2。氮氧化物的来源广泛，其中，天然排放的 NO_x 主要来自于土壤、海洋中有机物的分解。相比而言，人为来源是 NO_x 的主要污染来源，NO_x 绝大部分来自于化石燃料的燃烧(汽车、飞机、内燃机、工业窑炉)过程。另外，也有相当量的 NO_x 来源于硝酸及其盐类(氮肥生产、有机中间体使用、金属冶炼等)生产、使用的过程。

氮氧化物是大气环境中光化学烟雾发生、酸雨形成的一个重要原因和主要前驱物。光化学烟雾具有特殊气味，会刺激眼睛、伤害植物，并能使大气能见度降低。酸雨会严重影响动植物的正常生存和生长，导致粮食作物生产能力丧失，影响粮食安全。另外，氮氧化物都具有不同程度的毒性，会对人体的呼吸系统和呼吸器官产生强烈的刺激作用，使人难以抵抗普通感冒之类的呼吸系统疾病，从而威胁人体健康。

一、实验目的

(1) 掌握盐酸萘乙二胺分光光度法测定空气中氮氧化物的原理和实验操作步骤。

(2) 熟悉影响氮氧化物测定的因素，掌握消除或避免干扰的方式手段。

二、实验原理

氮氧化物的分析方法主要有盐酸萘乙二胺分光光度法、紫外吸收法、定电位电解法、非分散红外吸收法、化学发光法等。本次实验以盐酸萘乙二胺分光光度法测定空气中氮氧化物含量。空气中的氮氧化物主要以 NO 和 NO_2 的形态存在。首先在采样过程中，使得空气中的 NO_2 被采样器中串联设置的第一只吸收瓶中的吸收液吸收，二者反应生成粉红色的偶氮染料。空气中的 NO 不与吸收液反应，在通过与第一只吸收瓶相连的氧化管时，被酸性高锰酸钾溶液氧化为二氧化氮，继而被串联的第二只吸收瓶中的吸收液吸收。同样地，被氧化生成的 NO_2，与第二只吸收瓶中溶液反应，也生成粉红色偶氮染料。在 540 nm 波长处测定偶氮染料的吸光度。通过分别测定第一只和第二只吸收瓶中样品的吸光度，计算两只吸收瓶中的 NO_2、NO 的浓度，二者之和即为空气中氮氧化物的实际浓度。

三、实验器材与试剂

1. 主要器材

(1) 分析天平。

(2) 烘箱。

(3) 空气采样器：流量为 0.1～1.0 L/min。采样流量为 0.4 L/min 时，相对误差小于±5%。

（4）恒温、半自动连续空气采样器：采样流量为 0.2 L/min。

（5）吸收瓶：可装 10 mL、25 mL 或 50 mL 吸收液的多孔玻板吸收瓶，液柱高度不低于 80 mm 吸收瓶，如图 9-1 所示。

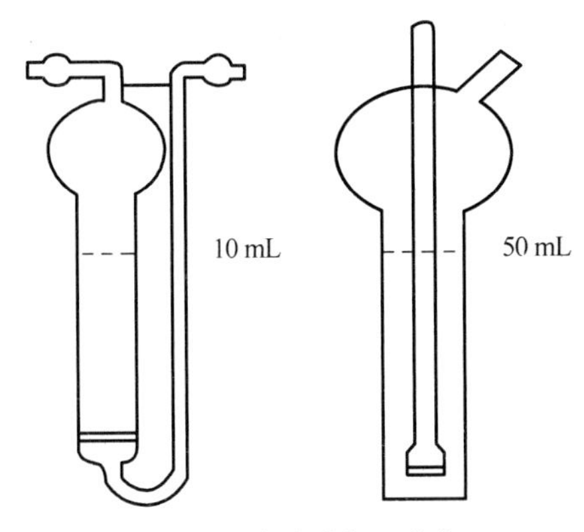

图 9-1　多孔玻板吸收瓶

使用棕色吸收瓶或采样过程中吸收瓶外罩黑色避光罩。新的多孔玻板吸收瓶或使用后的多孔玻板吸收瓶，应用盐酸溶液（1＋1）浸泡 24 h 以上，用清水洗净。

（6）氧化瓶：可装 5 mL、10 mL 或 50 mL 酸性高锰酸钾溶液的洗气瓶，液柱高度不能低于 80 mm。使用后，用盐酸羟胺溶液浸泡洗涤。

（7）分光光度计。

（8）电热炉。

（9）水浴锅。

（10）具塞比色管：10 mL。

（11）棕色容量瓶：100 mL、500 mL、1000 mL。

（12）移液管：1 mL、2 mL、5 mL、10 mL、25 mL、50 mL。

（13）滴管。

2. 主要试剂

除单独说明外，实验中所用试剂均为分析纯，操作中所用水均为新制备的去离子水。

（1）酸性高锰酸钾溶液（$KMnO_4$，25 g/L）：称取 25 g 高锰酸钾，置于 1000 mL 烧杯中，溶解于 500 mL 水中，可将溶液稍微加热使药剂加速溶解，向溶液中加入 500 mL 硫酸溶液（1 mol/L），搅拌均匀，转移到棕色瓶中保存，备用。

（2）N-(1-萘基)乙二胺盐酸盐贮备液（$C_{10}H_7NH(CH_2)_2NH_2 \cdot 2HCl$，1.00 g/L）：准确称取 0.50 g N-(1-萘基)乙二胺盐酸盐，溶解于适量水中，转移至 500 mL 容量瓶中，用水稀释、定容至刻度，然后转移到棕色容量中，置于冰箱中（4 ℃）备用，密封、避光、冷藏，可稳定保存 3 个月。

（3）显色液：称取 5 g 对氨基苯磺酸[$NH_2C_6H_4SO_3H$]溶解于 40～50 ℃的热水中，待溶液冷却至室温后，转移到 1000 mL 棕色容量瓶中，分别加入 50 mL N-(1-萘基)乙二胺盐酸盐贮备液和 50 mL 冰醋酸，用水稀释、定容至刻度。将溶液置于冰箱中（4 ℃），密封、避光，可稳定保存 3 个月。若溶液呈现淡红色，则应当重新配制。

（4）吸收液：将显色液、水按照体积比 4∶1 混合得到。该吸收液的吸光度应当不大于 0.005。

（5）亚硝酸盐标准贮备液（NO_2^-，250 μg/mL）：准确称取 0.3750 g 亚硝酸钠[$NaNO_2$、优级纯，（105±5）℃下干燥至恒重]溶解于水中，转移至 1000 mL 棕色容量瓶中，用水稀释、定容至标线。将该溶液置于冰箱中（4 ℃），密封、避光，可稳定保存 3 个月。

（6）亚硝酸盐标准溶液（NO_2^-，2.5 μg/mL）：准确移取 1.0 mL 亚硝酸盐标准贮备液，置于 100 mL 容量瓶中，用水稀释、定容至标线，备用。该溶液需要现用现配。

（7）盐酸羟胺溶液：0.2～0.5 g/L。

（8）硫酸溶液（$1/2H_2SO_4$，1 mol/L）：取 15 mL 浓硫酸，缓慢匀速地加到 500 mL 水中，搅拌均匀，待溶液冷却后，转移到 500 mL 容量瓶中，保存备用。

四、实验步骤

1. 样品的采集与保存

短时间采样（1 h 以内）：取 2 只分别装有 10 mL 吸收液的多孔玻板吸收瓶，1 只内装 5～10 mL 酸性高锰酸钾溶液的氧化瓶，液柱高度均不低于 80 mm。用尽量短的硅橡胶管，将氧化瓶串联在 2 只吸收瓶之间，以 0.4 L/min 流量采样 4～24 L。

长时间采样（24 h）：取 2 只大型多孔玻板吸收瓶，装入 25 mL（或 50 mL）吸收液，保证液柱高度不低于 80 mm，标记液面位置。另取 1 只装有 50 mL 酸性高锰酸钾溶液的氧化瓶，将氧化瓶串联在 2 只吸收瓶之间，将吸收液温度控制在（20±4）℃，以 0.2 L/min 的流量采样 288 L。

在采样、运输、存放过程中，应当避免阳光照射。采集所得样品应尽快分析。若不能及时测定，应将样品置于冰箱中，0～4 ℃条件下，密封、避光，可稳定 3 d。

2. 标准曲线的绘制

取 6 支 10 mL 的具塞比色管，编号，参考表 9-1 配制设定，制备亚硝酸盐标准溶液系列。

表 9-1 亚硝酸盐标准溶液系列

编　号	0	1	2	3	4	5
亚硝酸钠标准溶液体积/mL	0.00	0.40	0.80	1.20	1.60	2.00
水/mL	2.00	1.60	1.20	0.80	0.40	0.00
显色液/mL	8.00	8.00	8.00	8.00	8.00	8.00
NO_2^- 浓度/(μg/mL)	0.00	0.10	0.20	0.30	0.40	0.50

将各比色管摇动均匀，暗处静置 20 min（室温低于 20 ℃时，至少静置 40 min），用 10 mm 光程的比色皿，在波长 540 nm 处，以水做参比，测量吸光度。扣除空白吸光度后，以 NO_2^- 的质量浓度（μg/mL）为横坐标，以吸光度为纵坐标绘制标准曲线，得到标准曲线的回归方程。回归方程斜率 b 控制在 0.180～0.195（吸光度 · mL/μg），截距 a 控制在 ±0.003 之间。

3. 试样的测定

将采样所得吸收液静置 20 min（室温低于 20 ℃时，至少静置 40 min），用水将采样瓶中吸收液稀释、定容至标线，摇动均匀。

用 10 mm 光程比色皿,在 540 nm 波长处,以水做参比,测量吸光度,同时测定空白样品的吸光度。若样品的吸光度超过标准曲线的上限,应用实验室空白试液稀释,再测定其吸光度,但稀释不超过 6 倍。按照相同方法做平行样。

五、实验结果分析

(1) 空气中 NO_2 浓度可以按照式(9-1)计算得到,即

$$\rho_{NO_2}=\frac{(A_1-A_0-a)VD}{bfV_0} \tag{9-1}$$

(2) 空气中 NO 浓度可以按照以下方式计算得到,即

① 若以 NO_2 计算表示,则为

$$\rho_{NO}=\frac{(A_2-A_0-a)VD}{bfV_0K} \tag{9-2}$$

② 若以 NO 计算表示,则为

$$\rho'_{NO}=\frac{\rho_{NO}\times 30}{46} \tag{9-3}$$

(3) 空气中氮氧化物浓度(以 NO_2 为计)可以按照下式计算得到,即

$$\rho_{NO_x}=\rho_{NO_2}+\rho_{NO}$$

式中:A_1、A_2——串联的第一只和第二只吸收瓶中样品的吸光度;

A_0——实验空白吸光度;

b——标准曲线的斜率,吸光度×mL/μg;

a——标准曲线的截距;

V——采样用吸收液体积,mL;

V_0——换算为标准状态(101.325 kPa,273 K)下的采样体积,L;

K——NO 转化为 NO_2 的氧化系数为 0.68,表示被氧化为 NO_2、被吸收液吸收生成偶氮染料的 NO 的量,与通过采样系统的 NO 总量的比例;

D——气体样品吸收溶液的稀释倍数;

f——Saltzman 实验系数(0.88,当空气中 NO_2 质量浓度高于 0.72 mg/m^3 时,取值为 0.77);

30——NO 的相对分子质量;

46——NO_2 的相对分子质量。

六、注意事项

(1) 在采集气样的过程中,如果氧化管中有明显的沉淀物析出,则应及时更换新管。一般情况下,装有 50 mL 酸性高锰酸钾溶液的氧化瓶,在隔日采样的工作强度下,可使用 15~20 d。在采样过程中,应当随时注意观察吸收液颜色变化,避免因氮氧化物质量浓度过高而穿透吸收液。

(2) 在采样、运输、存放过程中,应当避免阳光照射。当气温超过 25 ℃时,超过 8 h 长时间的运输、存放样品,应采取降温措施。采样结束时,为防止溶液倒吸,应在采样泵停止抽气的同时,闭合连接在采样系统中的止水夹或电磁阀。

(3) 每次采样过程中，至少做 2 个现场空白。实验测定过程中，空白、试样和校准曲线试样的测定必须在同一批次中完成。

七、思考题

(1) 为什么在样品的采样到存放过程中，需要控制样品的环境温度？对测定有什么影响？

(2) 空气中的 NO 和 NO_2 都可以利用该实验方法单独测定得到吗？

实验十　空气中二氧化硫的测定(6 学时)

清洁的空气是包括人类在内的各种生物正常生存和生活的必要条件之一。但是，工业化对于电力等能源的需求，导致了每年巨量煤炭、石油等化石能源的消耗，从而使得大量含有二氧化硫在内的气体污染物进入大气环境，不同程度地造成了空气污染。二氧化硫不但会污染空气，而且会给动植物生长生存和人类健康带来危害。当空气中二氧化硫含量在 0.5 ppm 以上时即会对人体产生潜在影响，超过 1 ppm 时多数人会感到刺激反应，达到 400 ppm 时人就会出现肺水肿甚至死亡。另外，二氧化硫与空气中的水分结合会形成酸雨，严重威胁动植物生存和粮食作物的生产。作为重要的前提物，二氧化硫能够与空气中的其他气体污染物和颗粒物反应，产生大量的二次颗粒物，从而造成和加重大气污染，进而造成更加严重的空气质量恶化。因此，开展空气中二氧化硫的分析测定，对了解大气环境污染状况，改善和控制空气质量，保证人体健康具有重要的意义。

一、实验目的

(1) 掌握甲醛吸收-副玫瑰苯胺分光光度法测定空气中二氧化硫的原理和操作步骤。

(2) 掌握利用采样器采集气样的操作手段，熟悉影响空气中二氧化硫采集质量的因素。

二、实验原理

空气和废气中二氧化硫的测定方法主要有甲醛吸收-副玫瑰苯胺分光光度法、四氯汞盐-副玫瑰苯胺分光光度法、紫外荧光法、便携式紫外吸收法、定电位电解法、非分散红外吸收法和碘量法等。本次实验通过甲醛吸收-副玫瑰苯胺分光光度法测定空气中二氧化硫。实验利用甲醛缓冲溶液吸收空气中的二氧化硫，两者反应生成稳定的羟甲基磺酸加成化合物。向吸收溶液中加入氢氧化钠，可以使得与甲醛反应生成的羟甲基磺酸加成化合物分解，同时释放出二氧化硫。释放产生的二氧化硫，与副玫瑰苯胺、甲醛作用，继而生成紫红色的化合物。用分光光度计在 577 nm 波长处测量试样溶液的吸光度，对应得到吸收液中二氧化硫含量，进而通过计算得到空气中二氧化硫的实际浓度。

三、实验器材与试剂

1. 主要器材

(1) 分析天平。

(2) 空气采样器：短时间的采样器，流量为 0.1～1 L/min，24 h 连续采样器，流量为 0.2～0.3 L/min。

(3) 恒温水浴锅。

(4) 多孔玻板吸收瓶：短时间采样用 10 mL 规格吸收瓶，24 h 连续采样用 50 mL 吸收瓶。

(5) 具塞比色管：10 mL、50 mL。

(6) 电热炉。

(7) 冰箱。

(8) 分光光度计(10 mm 光程)。

(9) 烘箱。

(10) 棕色容量瓶：100 mL、500 mL、1000 mL。

(11) 碘量瓶：250 mL。

(12) 滴定台：酸碱滴定管(50 mL)。

(13) 聚乙烯瓶。

(14) 移液管：2 mL、5 mL、10 mL、25 mL。

(15) 滴管。

2. 主要试剂

除单独说明外，实验中所用试剂均为分析纯，溶液配制等用水均为新制备的去离子水。

(1) 氢氧化钠溶液(1.5 mol/L)：称取 6 g 氢氧化钠溶于水中，搅拌均匀，待其冷却后，转移到 100 mL 容量瓶中，用水稀释、定容至标线，摇动均匀，然后转移到聚乙烯瓶中保存，备用。

(2) 反式 1,2-环己二胺四乙酸二钠溶液(CDTA-2Na,0.05 mol/L)：准确称取 1.82 g 反式 1,2-环己二胺四乙酸，置于适量水中，加入 6.5 mL 氢氧化钠溶液(1.5 mol/L)，转移到 100 mL 容量瓶中，用水稀释、定容至标线，摇动均匀，备用。

(3) 甲醛缓冲吸收贮备液：准确称取 2.04 g 邻苯二甲酸氢钾，溶于少量水中。分别移取 5.5 mL 甲醛溶液(36%～38%)和 20 mL 环己二胺四乙酸二钠溶液，将其与新配制的邻苯二甲酸氢钾溶液合并，转移到 100 mL 容量瓶中，用水稀释、定容至标线，摇动均匀，于冰箱中冷藏放置，可有效保存 1 年。

(4) 甲醛缓冲吸收液：将甲醛缓冲吸收贮备液用水稀释 100 倍(移取 5 mL 甲醛缓冲吸收贮备液，置于 500 mL 容量瓶中，用水稀释、定容至标线，摇动均匀，备用)。该缓冲溶液需要现用现配。

(5) 氨磺酸钠溶液(NaH_2NSO_3,6.0 g/L)：准确称取 0.60 g 氨磺酸(H_2NSO_3H)，置于 100 mL 烧杯中，加入 4.0 mL 氢氧化钠(1.5 mol/L)，用水搅拌至完全溶解后，转移到 100 mL 容量瓶，用水稀释、定容至标线，摇动均匀备用。密封、避光保存，可有效保存 10 d。

(6) 碘贮备液(1/2 I_2,0.10 mol/L)：分别准确称取 12.7 g 碘、40 g 碘化钾，置于烧杯中，加入 25 mL 水，持续搅拌至药剂完全溶解，转移到 1000 mL 棕色细口瓶中，用水稀释至标线，摇动均匀，备用。

(7) 碘溶液(1/2 I_2,0.01 mol/L)：移取碘贮备液 50 mL，置于 500 mL 棕色细口瓶中，用水稀释、定容至标线，摇动均匀，备用。

(8) 淀粉溶液(5 g/L)：准确称取 0.5 g 可溶性淀粉，置于 150 mL 烧杯中，用少量水调成糊状，然后向其中缓慢倒入 100 mL 沸水，继续煮沸至溶液澄清，待其冷却后，转移并储存于试剂瓶中，备用。实验中该溶液需要现用现配。

(9) 碘酸钾标准溶液(1/6 KIO_3,0.1000 mol/L)：准确称取 3.5667 g 碘酸钾溶于水中，待其完全溶解后，转移到 1000 mL 容量瓶中，用水稀释、定容至标线，摇动均匀，备用。

(10) 盐酸溶液(1+9)：在通风橱内，移取 100 mL 浓盐酸，溶解到适量水中，然后转移到 1000 mL 容量瓶中，用水稀释至标线，摇动均匀，备用。

(11) 硫代硫酸钠标准贮备液($Na_2S_2O_3$,0.10 mol/L):准确称取 25 g 五水合硫代硫酸钠($Na_2S_2O_3 \cdot 5H_2O$),溶解于 1000 mL 新煮沸的冷却水中,加入 0.2 g 无水碳酸钠,转移到棕色细口瓶中,放置 1 周后备用。如果溶液呈现混浊,则必须过滤。

标定浓度:分别移取 3 份碘酸钾标准溶液,每份 20 mL,将其分别置于 250 mL 碘量瓶中;每份加 70 mL 新煮沸的冷却水,加 1 g 碘化钾,振荡至药剂完全溶解;再加入 10 mL 盐酸溶液(1+9),立即盖好瓶塞,摇动均匀。

暗处静置 5 min 后,用硫代硫酸钠贮备液滴定,使得溶液刚好变至浅黄色,然后加入 2 mL 新配制的淀粉溶液,继续用硫代硫酸钠标准溶液滴定,至溶液蓝色刚好褪去为止。

硫代硫酸钠标准溶液浓度按照式(10-1)计算得到,即

$$C = \frac{0.1000 \times 20.00}{V} \tag{10-1}$$

式中:C——硫代硫酸钠标准贮备液的摩尔浓度,mol/L;

V——滴定所消耗的硫代硫酸钠标准贮备液的体积,mL;

0.1000——碘酸钾标准溶液的摩尔浓度,mol/L;

20.00——碘酸钾标准溶液的体积,mL。

(12) 硫代硫酸钠标准溶液(0.01 mol/L):移取 50 mL 硫代硫酸钠贮备液,置于 500 mL 容量瓶中,用新煮沸的冷却水稀释、定容至标线,摇动均匀,备用。

(13) 乙二胺四乙酸二钠盐溶液(EDTA-2Na,0.5 g/L):准确称取 0.25 g 乙二胺四乙酸二钠盐溶于适量的新煮沸的冷却水中,待其溶解后,转移至 500 mL 容量瓶中,用水稀释、定容至标线,摇动均匀,备用。该溶液需在实验时现用现配。

(14) 二氧化硫标准贮备液(1 g/L):准确称取 0.200 g 亚硫酸钠(Na_2SO_3),溶解于 200 mL 的乙二胺四乙酸二钠盐溶液(EDTA-2Na)溶液中,缓慢摇匀防止充氧,至亚硫酸钠溶解。将溶液放置 2~3 h 后,碘量法标定。此溶液每毫升相当于 320~400 μg 二氧化硫。

(15) 二氧化硫标准溶液(1 μg/mL):用甲醛缓冲吸收液,将二氧化硫标准贮备液稀释至 1 μg/mL 的二氧化硫标准溶液。

此溶液用于绘制标准曲线,置于 4~5 ℃下可稳定有效保存 1 个月,备用。

(16) 副玫瑰苯胺贮备液(PRA,2 g/L):称取 0.2 g 副玫瑰苯胺,溶解于盐酸溶液(1 mol/L)中,转移到 100 mL 容量瓶中,用盐酸溶液稀释、定容至标线。

(17) 副玫瑰苯胺溶液(PRA,0.5 g/L):吸取 25.00 mL 副玫瑰苯胺贮备液,置于 100 mL 容量瓶中,依次分别加入 30 mL 的浓磷酸(85%)、12 mL 的浓盐酸,用水稀释、定容至标线,摇动均匀。将溶液放置过夜后,于避光处密封保存,备用。

(18) 盐酸-乙醇清洗液:将盐酸溶液(1+4)、95%乙醇,按照体积比 3∶1 的比例混合配制得到。该清洗液用于比色管和比色皿的清洁。

四、实验步骤

1. 样品的采集与保存

短时间采样:用装有 10 mL 甲醛缓冲吸收液的多孔玻板吸收瓶,以 0.5 L/min 的流量采样,采样时长 45~60 min。在采样过程中,保持甲醛缓冲吸收液的温度在 23~29 ℃。

24 h 连续采样:用装有 50 mL 甲醛缓冲吸收液的多孔玻板吸收瓶,以 0.2 L/min 的流

量连续采样 24 h。同样地，保持甲醛缓冲吸收液的温度在 23～29 ℃。

如果采集的样品溶液中有浑浊，可以通过离心分离去除。样品溶液需静置 20 min，以便当中的臭氧通过自身分解去除。

2. 标准曲线的绘制

取 14 支 10 mL 具塞比色管，分 A、B 两组，每组 7 支，分别对应编号。A 组按表 10-1 配制标准曲线系列。

表 10-1 二氧化硫标准溶液系列配制

编号	0	1	2	3	4	5	6
二氧化硫标准溶液体积/mL	0.00	0.50	1.00	2.00	5.00	8.00	10.00
甲醛缓冲吸收液体积/mL	10.00	9.50	9.00	8.00	5.00	2.00	0.00
二氧化硫含量/μg	0.00	0.50	1.00	2.00	5.00	8.00	10.00

在 A 组各管中分别加入 0.5 mL 氨磺酸钠溶液(6.0 g/L)和 0.5 mL 氢氧化钠溶液(1.5 mol/L)，摇动均匀。在 B 组各管中分别加入 1.00 mL 副玫瑰苯胺溶液(0.5 g/L)。

将 A 组各管的溶液迅速地全部倒入对应编号的 B 管中，立即加塞混匀后，放入恒温水浴装置中显色。其中，显色温度与室温之差不应超过 3 ℃。根据季节和环境条件，参照表 10-2 选择合适的显色温度与显色时间。

表 10-2 二氧化硫显色温度与显色时间参照

显色温度/ ℃	10	15	20	25	30
显色时间/min	40	25	20	15	5
稳定时间/min	35	25	20	15	10
试剂空白吸光度/A_0	0.03	0.035	0.04	0.05	0.06

在 577 nm 波长处，用 10 mm 光程比色皿，以水为参比溶液，测定吸光度。以空白校正后各管的吸光度为纵坐标，以二氧化硫的质量浓度(μg)为横坐标，绘制标准曲线，由此得到标准曲线的回归方程。

3. 试样的测定

(1) 短时间采集的样品：将样品吸收瓶中的溶液转移到 10 mL 具塞比色管中，用适当的少量甲醛缓冲吸收液洗涤吸收瓶，将其并入比色管中，用甲醛缓冲吸收液稀释、定容至标线。

吸收液中加入 0.5 mL 氨磺酸钠溶液，摇动均匀，静置 10 min，以除去氮氧化物的干扰。后续的样品溶液处理步骤与标准曲线的绘制操作相同。

(2) 连续 24 h 采集的样品：将吸收瓶中样品吸收液转移到 50 mL 具塞比色管中，用少量甲醛缓冲吸收液洗涤吸收瓶，将其并入比色管中，用甲醛缓冲吸收液稀释、定容至标线。

吸取一定体积(由浓度决定取 2～10 mL)的样品吸收液，转移到 10 mL 具塞比色管中，用甲醛缓冲吸收液稀释、定容至标线。加入 0.5 mL 氨磺酸钠溶液，混匀，静置 10 min，以除去氮氧化物的干扰。后续的样品溶液处理步骤与标准曲线的绘制操作相同。

五、实验结果分析

空气样品中二氧化硫的浓度，可按照式(10-2)计算得到，即

$$\rho = \frac{(A - A_0 - a)}{b \cdot V_s} \cdot \frac{V_t}{V_a} \tag{10-2}$$

式中：ρ——空气中二氧化硫的质量浓液，mg/m^3；

A——样品溶液的吸光度；

A_0——试剂空白溶液的吸光度；

b——标准曲线回归方程的斜率，吸光度×10 mL/μg；

a——标准曲线回归方程的截距(一般要求小于0.005)；

V_t——样品溶液的总体积，mL；

V_a——测定时所取试样的体积，mL；

V_s——换算成标准状态下(101.325 kPa，273 K)的采样体积，L。

计算结果准确到小数点后3位。

六、注意事项

(1) 样品在采集、运输和保存的过程中，需要注意避免阳光照射。

(2) 连续采样器进气口应当连接符合要求的空气质量集中采集管路系统，以减少二氧化硫进入吸收瓶前的损失。

(3) 在采样的过程中，多孔玻板吸收瓶2/3的玻板面积要发泡均匀，玻板边缘无气泡逸出。

(4) 每批样品至少测定2个现场空白。空白用的采样管也要带到采样现场，除了不采气之外，其他条件与气样采样管的相同。

(5) 当空气中二氧化硫浓度高于测定上限时，可以适当减少采样体积或者减少试样的体积。

(6) 如果样品溶液的吸光度超过标准曲线的上限，可用试剂空白液稀释，在数分钟内再测定吸光度，但稀释倍数不能大于6。

(7) 六价铬能使紫红色络合物褪色，产生负干扰，因此不可用硫酸-铬酸的洗液洗涤玻璃器皿。如果玻璃器皿用硫酸-铬酸洗液洗涤过，则必须用盐酸溶液(1+1)浸洗，再用自来水冲洗干净，然后用去离子水冲洗。

七、思考题

(1) 在气样的采集过程中，影响甲醛缓冲液吸收二氧化硫效率的因素有哪些？如何避免或者消除干扰？

(2) 在试样溶液的显色过程中，温度对实验操作和检测结果分别有哪些影响？

(3) 如何标定二氧化硫标准贮备液的浓度？

实验十一　颗粒物密度和堆积密度测定(4学时)

一、实验目的

(1) 掌握固体废物密度、相对密度和堆积密度的测定原理和方法。

(2) 了解密度、堆积密度的计算方法。

(3) 分析不同粒径滑石粉密度和堆积密度的关系。

二、实验原理

物质性质对试样的进一步研究及其实验数据的分析有很大影响。单位体积粉尘的质量称为粉尘的密度,单位为 kg/m^3 或 g/cm^3。根据粉尘所指的体积不同,分为颗粒密度、真密度、堆积密度3种。材料在绝对密实状态下,以不包括颗粒内外空隙的体积(真实体积)求得的密度,即排除所有的空隙所占的体积后,求得的物质本身的密度称为粉尘的真密度,以 ρ_p 表示。呈简单堆积状态存在的粉尘,它的体积包括颗粒之间和颗粒内部的空隙体积,以此体积计算的密度称为粉尘的堆积密度,以 ρ_b 表示。了解材料的密度,可以大致掌握材料的品质和性能。对于同一种类粉尘,堆积密度随空隙率而变化。

三、实验器材与试剂

1. 主要器材

鼓风烘箱:能使温度控制在(105±5) ℃。

天平:感量不大于0.01 g。

李氏瓶:容量为250 mL或者300 mL,最小刻度为1 mL。

容量筒:玻璃量筒,容积为0.5~1 L。

不锈钢筛:不同目数。

干燥器、直尺、漏斗、药匙、搪瓷盘、毛刷等。

李氏瓶也称为密度瓶,容积一般为220~250 mL,直径约1 cm细颈,瓶颈上标有(0~1) mL和(18~24) mL(部分的刻线表示0.1 mL),如图11-1所示。

2. 试剂

滑石粉:不同粒径。

四、实验过程

1. 粉尘密度的测定

(1) 用搪瓷盘装取试样约300 g,放入烘箱中于(105±5) ℃下烘干至恒量,放入干燥器内待冷却至室温,分成大致相等的两份备用。

(2) 将药匙、漏斗、粉体一同放入瓷器中,准确称量 m_1,精确至0.01 g,总质量不小于200 g。

(3) 将自来水倒入李氏瓶中,使液面达到(0~1) mL刻度,盖上瓶盖后放入恒温水槽内,使刻度部分浸入水中,恒温30 min。从恒温水槽中取出李氏瓶,用滤纸将液面以上瓶颈

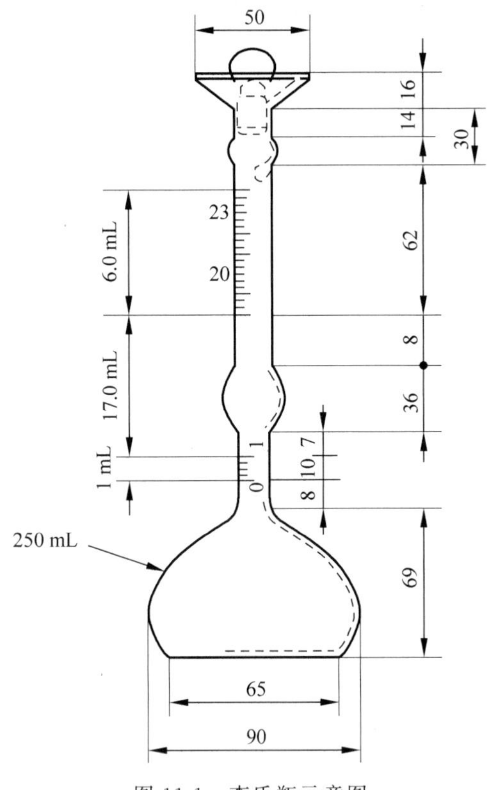

图 11-1　李氏瓶示意图

内部水分吸干，读取液体凹液面刻度值 V_1（精确至 0.02 mL）。

（4）用药匙将试样通过漏斗徐徐加入李氏瓶中，液面上升至接近最大读数为止，轻轻摇晃李氏瓶，使瓶中空气充分溢出，读取液体凹液面刻度值 V_2（精确至 0.02 mL）。整个试验过程中，李氏瓶温度变化不超过 1 ℃。

（5）准确称量小勺、漏斗、瓷器和剩余粉体的质量 m_2，精确至 0.01 g。

（6）做 2 组平行样，重复实验步骤（2）～（5）。

（7）选用不同粒径的滑石粉，重复实验步骤（1）～（6）。

2. 粉尘堆积密度的测定

（1）用搪瓷盘装取粉体，放在烘箱中于（105±5）℃下烘干至恒量，放入干燥器中冷却，待冷却至室温后，过筛选择合适的颗粒（200～400 目），分为大致相等的试样 4 份备用。

（2）松散堆积密度：取试样一份，用漏斗或药匙从容量筒中心上方 50 mm 处徐徐倒入，让试样以自由落体落下，当容量筒上部试样呈锥体，且容量筒四周溢满时，即停止加料。然后用直尺沿筒口中心线向两边刮平（试验过程应防止触动容量筒），称出试样和容量筒的总质量，精确至 0.01 g。

（3）紧密堆积密度：取试样一份分两次装入容量筒。装完第一层后，在筒底垫放一根直径为 10 mm 的圆钢，将筒按住，左右交替击地面各 25 次。然后装入第二层，第二层装满后用同样的方法颠实（但筒底所垫圆钢的方向与第一层的方向垂直）后，再加试样直至超过筒口，然后用直尺沿筒口中心向两边刮平，称出试样和容量筒的总质量，精确至 1 g。

(4) 选用不同粒径的滑石粉,重复实验步骤(1)～(3)。

五、实验数据记录

1. 真密度测定

样品名称：________；目数：________；试验温度：________

试验次数	试验前滑石粉+瓷器等的质量 m_1/g	试验后滑石粉+瓷器等的质量 m_2/g	装入李氏瓶的试样质量 $m=m_1-m_2$ /g	李氏瓶液面读数		试样体积 $V=V_2-V_1$ /mL	试样密度/(g/cm³)	密度平均值/(g/cm³)
				加料前 V_1/mL	加料后 V_2/mL			
1								
2								

2. 堆积密度测定

样品名称：________；目数：________

试验次数	容量筒的质量 G_2/g	容量筒和试样总质量 G_1/g	试样质量 $G=G_1-G_2$/g	容量筒的容积 V/mL	试样堆积密度/(g/cm³)	堆积密度平均值/(g/cm³)
1						
2						

六、结果计算

计算样品的密度、相对密度、堆积密度和空隙率。

(1) 按式(11-1)计算样品密度,保留小数点后3位。

$$\rho_p=\frac{m_1-m_2}{V_2-V_1} \tag{11-1}$$

式中：ρ_p——滑石粉的真密度,g/cm³；

m_1——药匙、搪瓷盆、漏斗及试验前滑石粉的干燥质量,g；

m_2——药匙、搪瓷盆、漏斗及试验后滑石粉的干燥质量,g；

V_1——李氏瓶加料前的读数,mL (精确至0.02 mL)；

V_2——李氏瓶加料后的读数,mL (精确至0.02 mL)。

真密度取两次试验结果的算术平均值,精确至0.01 g/cm³；如两次试验结果之差大于0.01,须重新试验。

(2) 按照式(11-2)计算样品相对密度,精确至小数点后3位。

$$\gamma=\frac{\rho_p}{\rho_w} \tag{11-2}$$

式中：γ——滑石粉对水的相对密度；

ρ_p——滑石粉的真密度,g/cm³；

ρ_w——试验温度时水的密度,g/cm³。

(3) 按照式(11-3)计算样品松散或紧密堆积密度,精确至 0.01 g/cm³。

$$\rho_b = \frac{G_1 - G_2}{V} \tag{11-3}$$

式中: ρ_b——堆积密度,g/cm^3;

G_1——容量筒和试样总质量,g;

G_2——容量筒质量,g;

V——容量筒的容积,mL。

堆积密度取两次试验结果的算术平均值,精确至 0.01 g/cm^3。

(4) 一般情况下,不同粉尘的空隙率可以按照式(11-4)进行计算。

$$\rho_b = (1 - \varepsilon)\rho_p$$

$$\varepsilon = 1 - \frac{\rho_b}{\rho_p} \tag{11-4}$$

式中: ε——粉尘空隙率;

ρ_b——堆积密度,g/cm^3;

ρ_p——样品的真密度,g/cm^3。

七、思考题

(1) 分析样品粒径和堆积密度、密度的关系。

(2) 堆积密度测量不适合哪些颗粒?

实验十二　重量法测定校园环境空气中的降尘(4 学时)

环境空气(ambient air)是指人群、植物、动物和建筑物所暴露的室外空气。环境空气中含有诸多污染物成分,例如总悬浮颗粒物、铅、氟化物、苯并[a]芘、硫氧化物、氮氧化物、臭氧、二氧化碳、一氧化碳等,一旦超过环境空气质量标准规定的限值,会对暴露于其中的人群、植物、动物等造成巨大的健康威胁。环境空气中的颗粒物(particulate matters)包括大气中存在的各种固态和液态的颗粒状物质。各种颗粒状物质均匀地分散在空气中构成一个相对稳定的庞大的悬浮体系,即气溶胶(atmospheric aerosols)体系。气溶胶体系是一个多相系统,由颗粒及气体组成。日常所见到的灰尘、熏烟、烟、雾、霾等都属于气溶胶的范畴。除一般的无机元素外,大气颗粒物中包含元素碳、有机碳、挥发性有机物(VOCs)、多环芳烃(PAHs)等有机化合物,以及细菌、病毒、霉菌等微生物。燃烧过程中产生的有机大气颗粒物粒径一般较小,在 0.1～5 μm,烃类是主要成分,如烷烃、烯烃、芳香烃和多环芳烃,此外还有亚硝胺、氮杂环、环酮、醌类、酚类和酸类等。

环境空气中的颗粒物来源主要有自然源和人为源两种,后者危害较大。由大气中某些污染气体组分(如二氧化硫、氮氧化物、碳氢化合物等)之间,或这些组分与大气中的正常组分(如氧气)之间通过光化学氧化反应、催化氧化反应或其他化学反应转化生成的二次颗粒物危害更大。颗粒物中 1 μm 以下的微粒沉降速度慢,在大气中存留时间久,在大气动力作用下能够吹送到很远的地方,所以颗粒物的污染往往波及很大区域,甚至成为全球性的问题。粒径在 0.1～1 μm 的颗粒物由于与可见光的波长相近,对可见光有很强的散射作用,因此造成大气能见度降低。由大气中的二氧化硫和氮氧化物转化生成的硫酸和硝酸是造成酸雨的主要原因。大量的颗粒物落在植物叶子上影响植物生长,落在建筑物和衣服上能起沾污和腐蚀作用。大气中大量的颗粒物干扰太阳和地面的辐射,影响地区性甚至全球性的气候变化。粒径在 2.5 μm 以下的颗粒物,能被吸入人的支气管和肺泡中并沉积下来,引起或加重呼吸系统的疾病。研究表明,长期接触空气中的污染颗粒会增加患肺癌的风险,即使颗粒浓度低于法律上限亦会增大健康风险。短期内颗粒物浓度的迅速上升,还会增加人体患心脏病的风险,也会使死亡风险上升 2%～3%。图 12-1 为雾霾天气以及被酸雨腐蚀的树木。

图 12-1　雾霾天气以及被酸雨腐蚀的树木

一、实验目的

（1）了解环境空气的组成和降尘的测定意义。

（2）掌握重量法测定环境空气中降尘的工作原理及操作方法。

二、实验原理

通过测定环境空气中降尘的含量，有效地监测环境空气质量，反映区域内环境空气质量的时空变化规律，为环境保护管理与污染防控提供依据。

降尘(dustfall)是指在空气环境条件下，靠重力自然沉降在采样装置中的颗粒物。通过将空气中可沉降的颗粒物收集在装有乙二醇水溶液的集尘缸内，经蒸发、干燥、称重后，可计算得到一个采样周期内的环境空气的降尘量。

三、实验器材与试剂

1. 实验器材

烘箱、分析天平、电热板(2000～4000 W)、尼龙筛(孔径 1 mm)、瓷坩埚(100 mL)、有机玻璃集尘缸(内径(15±0.5) cm，高 30 cm 的圆柱形缸)、烧杯、容量瓶、玻璃棒、保鲜膜、干燥器、软质硅胶刮刀等。

2. 实验试剂

乙二醇水溶液：以 1∶1 的体积比将乙二醇($C_2H_6O_2$)和蒸馏水混合制成。

四、实验步骤

1. 设置采集点

将采样点设置在距离地面 8～15 m 的建筑物屋顶，周围设置明显标识，防止误入，避免损坏集尘缸。集尘缸口距离建筑物墙壁、屋顶等支撑物表面的距离应大于 1 m，避免支撑物受扬尘的影响。集尘缸的支架需保持稳定和坚固，避免摇摆或被风吹倒。可根据需要，在不影响样品采集和人体安全的前提下，在集尘缸上加装防鸟装置。根据实验目的设置 3～5 个平行采集样。

2. 采集样品

将集尘缸放到采样点前，加入 120～200 mL 的乙二醇水溶液，用保鲜膜覆盖缸口做好防尘，并记录。在样品收集过程中，如缸内收集液高度低于 0.3 cm，应适当补充乙二醇水溶液。

将集尘缸放到采样点时，取下保鲜膜，记录采样的地点、缸号、放缸时间(月、日、时)。按月定期更换集尘缸。取缸时核对采样地点、缸号，并记录取缸时间(月、日、时)，用保鲜膜覆盖缸口做好防尘，带回实验室。在夏季多雨及冬季多雪季节，应注意缸内积水或积雪情况，为防止雨水或雪满溢出，应及时更换新缸，采集的样品合并后测定。样品采集后应在 24 h 内分析。

3. 测定样品

烘干瓷坩埚：洗净瓷坩埚并进行编号，置于烘箱(105 ±5 ℃)中烘干 3 h，取出后放入干燥器内，冷却至室温，称量并记录质量；再进行 1 h 烘干，冷却至室温后称量记录，直至恒重(2 次质量之差小于 0.4 mg)；恒重后取最后 2 次称量值的平均值，记为 m_0。

测量集尘缸内径：按不同方向至少测定 3 处，取算术平均值，精确至 0.1 cm。

样品收集：用清洁的镊子将落入缸内的树叶、枯枝、昆虫、花絮、鸟粪等异物取出，并用水将附着在异物上的尘粒冲洗干净并弃去异物。用软质硅胶刮刀把缸壁刮洗干净，将缸内溶液和尘粒通过尼龙筛，全部转入 500 mL 烧杯中，用水反复冲洗截留在筛网上的异物以及软质硅胶刮刀，将附着在上面的尘粒冲洗下来后，筛上异物弃掉。

样品测定：将烧杯中的收集液在电热板上缓慢加热蒸发，使体积浓缩到 10～20 mL，冷却后用水冲洗杯壁，并用软质硅胶刮刀把杯壁上的尘粒刮洗干净，将溶液和尘粒全部转移至已恒重的瓷坩埚中，放在电热板上缓慢加热，样品在瓷坩埚中浓缩时，不要用水洗涤坩埚，否则将在乙二醇与水的界面上发生剧烈沸腾使溶液溢出。当样品在瓷坩埚中加热至近干时，应降低加热温度并不断摇动瓷坩埚，使降尘黏附在瓷坩埚壁，避免样品溅出。然后将瓷坩埚置于烘箱中烘干至恒重(105±5)℃，恒重后取最后 2 次称量的平均值，记为 m_1。

4. 空白样的测定

将采样操作和样品保存时加入总量相同的同批次乙二醇水溶液，转移至 500 mL 烧杯中。按照上述同样的实验步骤进行空白试样的制备，称量至恒重后，减去瓷坩埚的质量 m_0，得到空白试样的质量 m_2。

五、实验数据处理

将瓷坩埚、降尘、空白试样等实验数据记录在表 12-1 中，并根据式(12-1)计算一个采样周期内的环境空气中的降尘总量：

$$m=\frac{m_1-m_0-m_2}{At}\times 30\times 10^4 \tag{12-1}$$

式中：m——降尘总量，$t/(km^2 \cdot 30\ d)$；

m_1——降尘、瓷坩埚和乙二醇水溶液烘干恒重后的质量，g；

m_0——瓷坩埚烘干恒重后的质量，g；

m_2——空白试样烘干恒重后的质量，g；

A——集尘缸缸口面积，cm^2；

t——采样时间(精确到 0.1 d)，d；

30——一个采样周期，以 30 d 计。

表 12-1 实验数据记录表

采样地点：________

集尘缸编号	放缸时间	取缸时间	m_0/g	m_1/g	m_2/g
1					
2					
3					
4					
5					
6					
⋮					

六、注意事项

(1) 乙二醇是有毒化学品,在实验中应做好防护。

(2) 瓷坩埚在烘箱、干燥器中,应分离放置,不可重叠。

七、思考题

(1) 在样品测定过程中,除了电加热,还可以采取什么加热方式?

(2) 在干旱、蒸发量大的地区测定环境空气中的降尘量时,采取什么措施可以保证测定的准确性?

第三部分

大气污染控制实验

实验十三 吸附法净化气体中的二氧化硫(4学时)

二氧化硫(SO_2)是最常见的硫氧化物,是一种无色有刺激性的气体,是大气中主要的气态污染物之一,主要来源于含硫燃料的燃烧、含硫矿石的冶炼、化工、硫酸厂等工业生产过程,以及自然界的火山喷发等。SO_2 是形成酸雨的主因之一,与大气中的挥发性有机物 VOCs 反应,会形成严重危害人类和环境健康的二次有机气溶胶(secondary organic aerosol,SOA),与区域 PM2.5 的污染相关程度较高。SO_2 通过呼吸进入气管,会诱发支气管炎。对人类健康、大气能见度、植被等都有重要影响,也是计算环境空气质量指数(air quality index,AQI)的主要污染物之一。

SO_2 的去除技术包括吸收法、吸附法、电子束等,工业中应用占比较高的是吸收法中的湿法脱硫。吸附是一种常见的气态污染物净化方法,是用多孔的固体吸附剂将气体中的一种或数种组分积聚或凝缩在其表面上而达到分离目的的过程,特别适用于处理低浓度废气高净化要求的场合。它是建立在分子扩散基础上的物质表面现象。活性炭内部孔穴十分丰富,比表面积巨大,是最常见的吸附剂。本实验采用有机玻璃吸附塔,以活性炭为吸附剂,对模拟发生 SO_2 气体进行吸附试验,在采样口采集剩余的 SO_2 并测定其浓度。通过计算吸附净化效率,表征吸附法对二氧化硫的吸附效果,并绘制吸附曲线。活性炭脱硫包括物理吸附和化学吸附,在没有水蒸气和 O_2 存在时,主要是物理吸附,吸附量较小。若烟气中有足够水蒸气和 O_2 时,还会发生化学吸附。活性炭吸附脱硫是多步复杂过程,脱硫效果好坏取决于活性炭的催化活性。在活性炭催化活性一定的前提下,水蒸气的体积分数、反应温度等对脱硫效果都有显著影响。

一、实验目的

(1) 掌握气体吸附的原理。

(2) 掌握吸附塔工作流程。

(3) 掌握吸附净化效率的计算及吸附平衡曲线的绘制。

二、实验原理

环境空气中 SO_2 的国标测定方法包括《环境空气 二氧化硫的测定 甲醛吸收-副玫瑰苯胺分光光度法》(HJ 482—2009)和《环境空气 二氧化硫的测定 四氯汞盐-盐酸副玫瑰苯胺比色法》(HJ 483—2009)。盐酸副玫瑰苯胺比色法灵敏度高,样品采集后较稳定,但四氯汞盐毒性较大。目前多采用甲醛吸收的方法。

SO_2 由甲醛缓冲液吸收,生成稳定的羟甲基磺酸加成化合物。加入 NaOH 使其分解,释放出 SO_2。SO_2 与副玫瑰苯胺、甲醛作用后生成紫红色化合物。其色泽深浅与吸收液中 SO_2 的含量成正比,在波长 577 nm 处测定其吸光度。使用 10 mL 吸收液,采样体积为 30 L,测定下限为 0.007 mg/m^3。

三、实验设备及试剂

1. 实验设备

实验设备如图 13-1 所示,其中吸附塔尺寸 ϕ100 mm×1000 mm;实验台架外形尺寸 1200 mm×400 mm×1800 mm。

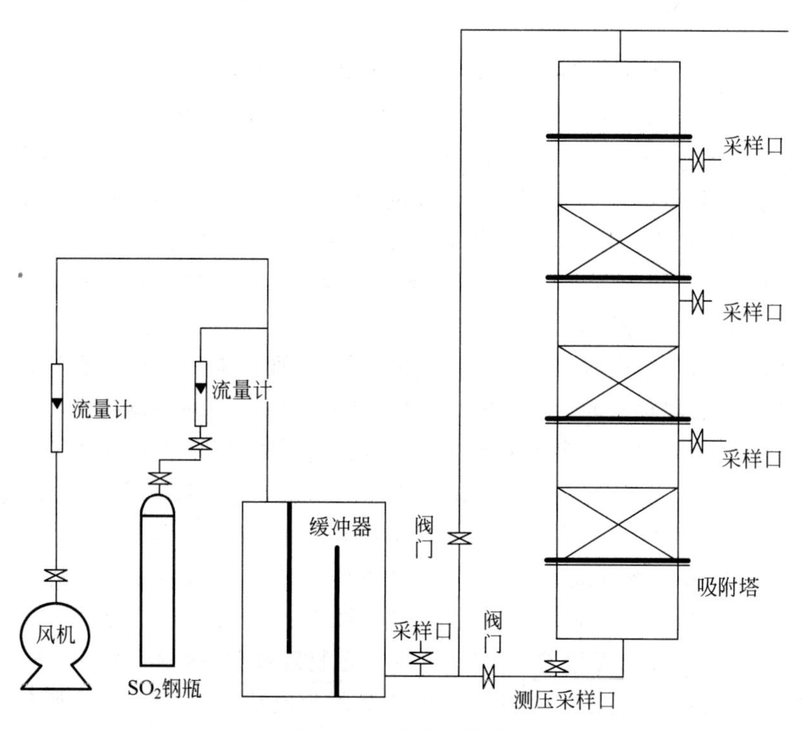

图 13-1 实验装置图

分光光度计,多孔玻板吸收瓶 10 mL(图 13-2),具塞比色管 10 mL 若干支,空气采样器,恒温水浴器,1000 mL 容量瓶,烧杯,500 mL 容量瓶,棕色细口瓶。

2. 试剂

氢氧化钠(NaOH,AR),反式 1,2-环己二胺四乙酸(CDTA),36%～38%的甲醛溶液,邻苯二甲酸氢钠,氨磺酸钠(NH_2NaSO_3),碘,可溶性淀粉,碘酸钾(KIO_3,AR),盐酸(HCl,1+9),硫代硫酸钠($Na_2S_2O_3$),乙二胺四乙酸二钠(EDTA-2Na)。

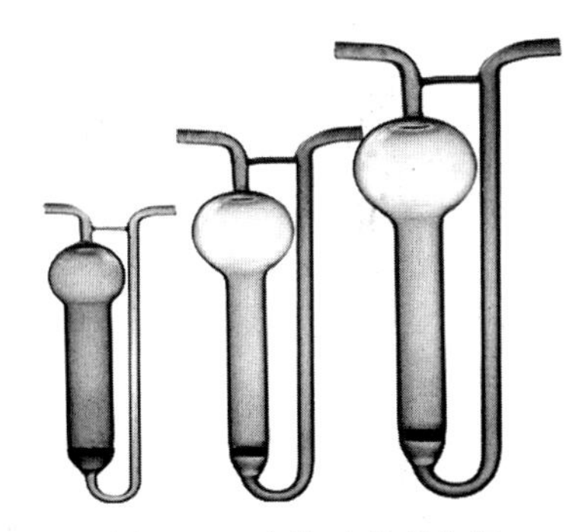

图 13-2　多孔玻板吸收瓶

(1) 反式 1,2-环已二胺四乙酸二钠溶液(CDTA-2Na,0.05 mol/L)：称取 1.82 g 反式 1,2-环已二胺四乙酸,加入 1.5 mol/L NaOH 6.5 mL,再稀释至 100 mL。

(2) 甲醛缓冲吸收液：将 2.04 g 邻苯二甲酸氢钠于少量水中溶解,再分别加入 5.5 mL 甲醛溶液、20.00 mL CDTA-2Na 溶液,用水稀释至 100 mL,作为贮备液；临用时用水稀释 100 倍作为甲醛缓冲吸收液。

(3) 氨磺酸钠(6.0 g/L)：称取 0.60 g 氨磺酸,加入 4.0 mL 浓度为 1.5 mol/L 的 NaOH 溶液,将溶液转移至 100 mL 容量瓶,摇匀定容。

(4) 碘溶液(1/2 I_2)(0.05 mol/L)：称取 6.35 g 碘于烧杯中,加入 20 g KI 和 13 mL 水,搅拌至溶解,稀释至 500 mL 作为碘贮备液。量取 200 mL,稀释 1 倍,储于棕色细口瓶。

(5) 淀粉溶液(5.0 g/L)：称取 0.5 g 淀粉,加少量水搅拌,再慢慢加入 100 mL 沸水中,继续煮沸至溶液澄清。现用现配。

(6) 碘酸钾溶液(1/6 KIO_3)(0.1000 mol/L)：称取 3.5667 g KIO_3 溶于水,转移至 1000 mL 容量瓶,摇匀定容。

(7) 硫代硫酸钠标准溶液(0.05 mol/L)：将 25.0 g 五水合硫代硫酸钠($Na_2S_2O_3 \cdot 5H_2O$)溶于新煮沸后已冷却的水,加入 0.2 g 无水碳酸钠,定容至 1000 mL 容量瓶,放置于棕色细口瓶一周后作为贮备液。临用前,稀释 1 倍作为硫代硫酸钠标准溶液。用碘量法标定。

(8) EDTA 溶液：取 0.50 g EDTA 溶于水,转移至 1000 mL 容量瓶定容。

(9) 副盐酸苯胺溶液(PRA,副品红)(0.50 g/L)：取 0.20 g PRA 溶于水中,并定容至 100 mL,作为贮备液。吸取 25.00 mL 贮备液于 100 mL 容量瓶,加入 30 mL 浓磷酸,12 mL 浓盐酸,摇匀,稀释至标线,避光密封保存,静置过夜后使用。

四、实验预处理(SO_2 标准曲线的绘制)

(1) 在 0～6 号比色管中,分别移取 SO_2 标准溶液 0 mL、0.5 mL、1.0 mL、2.0 mL、4.0 mL、8.0 mL、10.0 mL 加入,再加入甲醛缓冲吸收液至 10 mL 标线,其中含 SO_2 的量分别为 0 μg、0.5 μg、1.0 μg、2.0 μg、4.0 μg、8.0 μg、10.0 μg。

(2) 各管中分别加入 0.5 mL 氨磺酸钠溶液和 0.5 mL NaOH 溶液,混合均匀,记为 A 组。

(3) 再取 7 支比色管,分别加入 1.00 mL PRA 溶液,记为 B 组。

(4) 将 A 组各管溶液迅速倒入 B 组对应各管,立即具塞混匀后放入恒温水浴。在

25 ℃下，显色 15 min。

(5) 在波长 577 nm 处，以水为参比测量各管吸光度。

(6) 将结果记录于表 13-1 中，并绘制吸光度和二氧化硫含量的标准曲线。

五、实验步骤

(1) 检查设备系统外况和全部电气连接线有无异常，填装吸收塔活性炭总高度不超过 150 mm。

(2) 在小转子流量计入口阀关闭的情况下启动风机，在吸附塔入口阀关闭情况下调节旁路阀(垂直安装)，调节流量至主气流流量计指示到所需的试验流量。

(3) 在 SO_2 钢瓶减压阀关闭的前提下小心拧开 SO_2 钢瓶主阀门，慢慢开启减压阀，调节小转子流量计阀门，调节气流浓度至所需的入口浓度。

(4) 打开吸附塔入口阀同时关闭旁路阀，调节吸附塔入口阀保证主气流流量不变，开始吸附试验。

(5) 在吸附实验开始 1 min、5 min、10 min 等不同时刻采集采样口的气体，并记录吸附床层压降。

(6) 用采样器吸收测定不同时刻出口的 SO_2 气体，并测定其吸光度，计算不同时间的吸附效率。

(7) 实验操作结束后，先关闭 SO_2 气瓶主阀，待压力表指数回零后关闭减压阀。然后关闭切断风机的外接电源。

六、实验结果记录(表 13-1、表 13-2)

室温：________；压力：________；入口 SO_2 浓度：________

表 13-1 二氧化硫标准曲线制备

管　　号	0	1	2	3	4	5	6
二氧化硫标准溶液/mL	0.00	0.50	1.00	2.00	4.00	8.00	10.00
甲醛缓冲吸收液/mL	10.00	9.50	9.00	8.00	6.00	2.00	0.00
SO_2 含量/μg	0.00	0.50	1.00	2.00	4.00	8.00	10.00
吸光度							
标准曲线：							

表 13-2 采样口样品测定

采样口取样时间	
SO_2 溶液吸光度	
吸附床层压降	
SO_2 浓度/(mg/m^3)	
SO_2 吸附净化效率/%	

采样口处 SO_2 浓度 C_{SO_2}(mg/m^3)，按式(13-1)计算：

$$C_{SO_2}=\frac{C_0}{V} \tag{13-1}$$

式中：V——采样口标准状态下的采样体积，L；

C_0——样品测定中 SO_2 含量，μg。

七、注意事项

(1) 吸附塔出口务必通过管道连接排放到室外。

(2) SO_2 气瓶的使用应严格按实验室的相关安全规程运行管理。

(3) 吸附塔设备应该放在通风干燥的地方。

(4) 硫代硫酸钠贮备液如果混浊，必须过滤后再配制标准溶液。硫代硫酸钠溶液的配制需要用煮沸后冷却的水。

(5) 正确掌握二氧化硫显色温度和显色时间，严格控制反应条件。

八、思考题

(1) 吸附脱硫的净化效率与哪些因素有关？

(2) 活性炭脱硫的原理是什么？

(3) 烟气脱硫的新技术有哪些？

实验十四　填料式吸收塔净化烟气中的二氧化硫(6学时)

填料塔以填料作为气、液接触和传质的基本构件,液体在填料表面呈膜状自上而下流动,气体呈连续相自下而上与液体做逆向流动,并进行气、液两相间的传质和传热。两相的组分浓度和温度沿塔高连续变化。填料塔属于微分接触型的气、液传质设备。

填料塔是以塔内的填料作为气液两相间接触构件的传质设备。填料塔的塔身是一直立式圆筒,底部装有填料支承板,填料以乱堆或整砌的方式放置在支承板上。填料的上方安装填料压板,以防被上升气流吹动。液体从塔顶经液体分布器喷淋到填料上,并沿填料表面流下。气体从塔底送入,经气体分布装置(小直径塔一般不设气体分布装置)分布后,与液体呈逆流连续通过填料层的空隙,在填料表面上,气液两相密切接触进行传质。

液体再分布装置包括液体收集器和液体再分布器两部分,上层填料流下的液体经液体收集器收集后,送到液体再分布器,经重新分布后喷淋到下层填料上。

填料塔具有生产能力大,分离效率高,压降小,持液量小,操作弹性大等优点。

填料塔也有一些不足之处:如填料造价高;当液体负荷较小时不能有效地润湿填料表面,使传质效率降低;不能直接用于有悬浮物或容易聚合的物料;对侧线进料和出料等复杂精馏不太适合等。

填料材质一般有陶瓷、金属和塑料三大类。

(1) 陶瓷填料具有很好的耐腐蚀性、耐热性、表面润湿性能,且价格便宜,但其缺点是质脆、易碎。陶瓷填料在气体吸收、气体洗涤、液体萃取等过程中应用较为普遍。

(2) 金属填料可用多种材质制成,选择时主要考虑腐蚀问题。碳钢填料造价低,且具有良好的表面润湿性能,对于无腐蚀或低腐蚀性物质应优先考虑使用。一般来说,金属填料可制成薄壁结构,它的通量大、气体阻力小,且具有很高的抗冲击性能,能在高温、高压、高冲击强度下使用,应用范围最为广泛。

(3) 塑料填料的材质主要包括聚丙烯(PP)、聚乙烯(PE)及聚氯乙烯(PVC)等,国内一般多采用聚丙烯材质。塑料填料的耐腐蚀性能较好,可耐一般的无机酸、碱和有机溶剂的腐蚀。其耐温性良好,可长期在100 ℃以下使用。塑料填料质轻、价廉,具有良好的韧性,耐冲击、不易碎,可以制成薄壁结构。它的通量大、压降低,多用于吸收、解吸、萃取、除尘等装置中。塑料填料的缺点是表面润湿性能差,但可通过适当的表面处理来改善其表面润湿性能。

一、实验目的

(1) 掌握气体吸收法的原理。

(2) 了解吸收塔工作流程,能够分析吸收效率的影响因素。

(3) 加深理解填料塔内气液传质状况,掌握吸收效率的计算。

二、实验原理

常见的二氧化硫去除技术包括吸收法、吸附法、电子束同时脱硫脱硝等方法。吸收法处理是利用液态吸收剂处理气体混合物以除去其中某一种或几种气体的过程。工业中应用占比较高的是吸收法中的湿法脱硫。填料塔为逐级接触式气液传质设备，能够实现蒸馏和吸收两种分离操作，广泛应用于石油化工等行业中。在筛板塔内，气体保持一定的速度上升，流体沿降液管流下后，进而沿筛板水平流动与上升的气流充分接触，从而完成两相间的传质过程。筛板塔空塔速度较高，因而生产能力大，塔板效率高，操作弹性大，造价低，检修、清理方便。

环境空气中 SO_2 的国标测定方法包括《环境空气 二氧化硫的测定 甲醛吸收-副玫瑰苯胺分光光度法》(HJ 482—2009)和《环境空气 二氧化硫的测定 四氯汞盐-盐酸副玫瑰苯胺比色法》(HJ 483—2009)。盐酸副玫瑰苯胺比色法灵敏度高，样品采集后较稳定，但四氯汞盐毒性较大。目前多采用甲醛吸收的方法。

SO_2 经甲醛缓冲液吸收，生成稳定的羟甲基磺酸加成化合物。加入 NaOH 使其分解，释放出 SO_2。SO_2 与副玫瑰苯胺、甲醛作用后生成紫红色化合物。其色泽深浅与吸收液中 SO_2 的含量成正比，在波长 577 nm 处测定其吸光度。使用 10 mL 吸收液，采样体积为 30 L，测定下限为 0.007 mg/m^3。

三、实验设备及试剂

1. 实验设备

实验设备如图 14-1 所示，其中气体流量 300 m^3/h，循环液流量 0.1～1 m^3/h，塔径 250 mm，塔高 1500 mm。

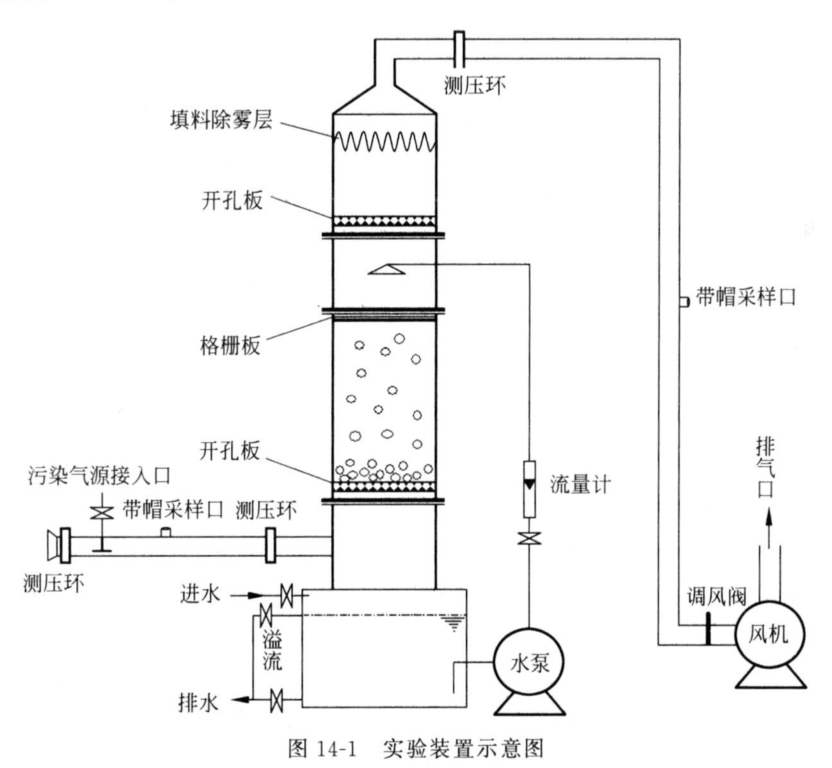

图 14-1 实验装置示意图

T_6 分光光度计，多孔玻板吸收瓶 10 mL，具塞比色管 10 mL 若干支，空气采样器，恒温水浴器，1000 mL 容量瓶，烧杯，500 mL 容量瓶，棕色细口瓶。

2. 试剂

氢氧化钠(NaOH，AR)，反式 1,2-环己二胺四乙酸(CDTA)，36%～38%的甲醛溶液，邻苯二甲酸氢钠，氨磺酸钠(H_2NSO_3H)，碘，可溶性淀粉，碘酸钾(KIO_3，AR)，盐酸(HCl，1+9)，硫代硫酸钠($Na_2S_2O_3$)，乙二胺四乙酸二钠(EDTA-2Na)，硫化钠(AR)，85%浓磷酸，浓硝酸。

(1) 反式 1,2-环己二胺四乙酸二钠溶液(CDTA-2Na，0.05 mol/L)：称取 1.82 g 反式 1,2-环己二胺四乙酸(CDTA)，加入 1.5 mol/L 的 NaOH 6.5 mL，再稀释至 100 mL。

(2) 甲醛缓冲吸收液：将 2.04 g 邻苯二甲酸氢钠于少量水中溶解，再分别加入 5.5 mL 甲醛溶液，20.00 mL CDTA-2Na 溶液，用水稀释至 100 mL，作为贮备液；临用时用水稀释 100 倍作为甲醛缓冲吸收液。

(3) 氨磺酸钠溶液(6.0 g/L)：称取 0.60 g 氨磺酸，加入 4.0 mL 浓度为 1.5 mol/L 的 NaOH 溶液，将溶液转移至 100 mL 容量瓶，摇匀定容。

(4) 碘溶液(1/2 I_2)(0.05 mol/L)：称取 6.35 g 碘于烧杯中，加入 20 g KI 和 13 mL 水，搅拌至溶解，稀释至 500 mL 作为碘贮备液。量取 10 mL，稀释至 100 mL，储于棕色细口瓶。

(5) 淀粉溶液(5.0 g/L)：称取 0.5 g 淀粉，加少量水搅拌，再慢慢加入 100 mL 沸水中，继续煮沸至溶液澄清。临用现配。

(6) 碘酸钾溶液(1/6 KIO_3)(0.1000 mol/L)：将 3.5667 g KIO_3 溶于水，定容至 1000 mL 容量瓶。

(7) 硫代硫酸钠标准溶液(0.01 mol/L)：将 25.0 g 五水合硫代硫酸钠($Na_2S_2O_3 \cdot 5H_2O$)溶于新煮沸后已冷却的水，加入 0.2 g 无水碳酸钠，定容至 1000 mL 容量瓶，放置于棕色细口瓶一周后作为贮备液。临用前，取 10.0 mL 贮备液置于 100 mL 容量瓶中，用新煮沸已冷却的水稀释至标线，记为硫代硫酸钠标准溶液。用碘量法标定。

(8) EDTA-2Na 溶液(0.50 g/L)：0.5 g EDTA-2Na 溶于 1000 mL 煮沸后冷却的水中。临用现配。

(9) 副盐酸苯胺溶液(PRA，副品红)(0.50 g/L)：取 0.20 g PRA 溶于水中，并定容至 100 mL，作为贮备液。吸取 25.00 mL 贮备液于 100 mL 容量瓶，加入 30 mL 浓磷酸、12 mL 浓盐酸、摇匀，稀释至标线，放置过夜后使用。避光密封保存。

(10) 亚硫酸钠溶液(1 g/L)：称取 0.2 g $NaSO_3$，溶于 200 mL EDTA-2Na 溶液中，缓缓摇匀，放置 3 h 后标定。此溶液每毫升含 320～400 μg SO_2。用碘量法标定。用甲醛吸收液稀释至每毫升含 1.0 μg 二氧化硫的标准溶液。在冰箱冷藏，可稳定保存 1 个月。

标定方法：在 250 mL 碘量瓶中，加入 50.0 mL 碘溶液，再加入 25.00 mL 亚硫酸钠溶液。于暗处放置 5 min 后，用硫代硫酸钠标准溶液滴定至浅黄色，加 5 mL 淀粉指示剂，继续滴定至蓝色刚好消失，消耗硫代硫酸钠标准溶液体积记为 V_1。另取 25 mL 蒸馏水，在相同条件下进行空白滴定，消耗量记为 V_2，SO_2 标准溶液的浓度质量 ρ_{SO_2} 可以由式(14-1)计算：

$$\rho_{SO_2}=\frac{(V_1-V_2)\times C_{Na_2S_2O_3}}{25.00}\times 32.02\times 10^3\times\frac{2.00}{100} \tag{14-1}$$

式中：ρ_{SO_2}——SO_2 标准溶液的质量浓度，g/L；

$C_{Na_2S_2O_3}$——$Na_2S_2O_3$ 的摩尔浓度，mol/L；

32.02——二氧化硫$\left(\frac{1}{2}SO_2\right)$的摩尔质量，g/mol。

(11) SO_2 吸收液：称取工业用 20% Na_2CO_3，20% NaOH。

四、实验预处理（SO_2 标准曲线的绘制）

(1) 在 0～6 号比色管中，分别移取 SO_2 标准溶液 0 mL、0.5 mL、1.0 mL、2.0 mL、4.0 mL、8.0 mL、10.0 mL 加入，再加入甲醛缓冲吸收液至 10 mL 标线，其中含 SO_2 的量为 0 μg、0.5 μg、1.0 μg、2.0 μg、4.0 μg、8.0 μg、10.0 μg。

(2) 各管中分别加入 0.5 mL 氨磺酸钠溶液和 0.5 mLNaOH 溶液，混匀，记为 A 组。

(3) 再取 7 支比色管，分别加入 1.00 mL PRA 溶液，记为 B 组。

(4) 将 A 组各管溶液迅速倒入 B 组对应各管，立即具塞混匀后放入恒温水浴。在 25 ℃条件下，显色 15 min。

(5) 在 577 nm 波长处，以水为参比测量各管吸光度。

(6) 将测量结果填入表 14-1，并绘制吸光度和 SO_2 含量的标准曲线。

五、实验步骤

(1) 检查设备系统外况和全部电气连接线有无异常。

(2) 打开电控箱总开关，合上触电保护开关；启动数据采集系统。

(3) 在储液箱底部的排水阀关闭的情况下，从加料口阀门加入定量吸收液，再通过进水阀进水稀释至适当浓度。当储水装置水量达到总容积约 3/4 时，启动循环水泵，将储液箱内溶液混合均匀。开启连接流量计阀门形成喷淋水循环，通过阀门调节循环液流量约为 400 mL/min。待溢流口开始溢流时，关闭储液箱进水开关。

(4) 在关闭调风阀的情况下通过控制箱启动风机，然后通过观察数据采集系统读数来调节调风阀至所需的风量进行实验。

(5) 在主风机运行的情况下，小心拧开 SO_2 钢瓶主阀门，再慢慢开启减压阀，通过观察转子流量计刻度读数和数据采集装置入口处 SO_2 读数所指示的气体 SO_2 浓度，调节阀门至 SO_2 的入口浓度约为 1000 mg/ Nm^3（通常设定在 1000～3000 mg/Nm^3）。

(6) 在塔的入口和出口取样口，用注射器分别取样 20 mL，然后将针头插入溶气瓶中液体内，并不断摇动容器瓶。注射完毕后，充分摇动容器瓶，取样 2 次。

(7) 将溶气瓶放置 20 min 后，在 577 nm 波长处测量，以水为参比测量吸光度，并在标准曲线上查出相应的化合物浓度。将测量结果填入表 14-2。

(8) 保持液体流量和 SO_2 浓度不变，改变空气流量（液气比），按照(4)～(7)的步骤重复，测取 2 次数据。

(9) 保持空气流量和液体流量不变，调节入口 SO_2 浓度，按照(4)～(7)的步骤重复实验，测取 2 次数据。

(10) 实验完毕后，关闭 SO_2 气瓶主阀，待压力表指数回零后关闭减压阀，然后依次关闭主风机、循环泵的电源。打开储液箱底部的排水阀排空储液箱。关闭数据采集系统及控制箱主电源。

(11) 完成实验数据记录和处理。

六、实验结果记录(表 14-1、表 14-2)

室温：________；大气压力：________；气速：________

表 14-1 SO_2 标准曲线制备

管号	0	1	2	3	4	5	6
SO_2 标准溶液/mL	0.00	0.50	1.00	2.00	4.00	8.00	10.00
甲醛缓冲吸收液/mL	10.00	9.50	9.00	8.00	6.00	2.00	0.00
SO_2 含量/μg	0.00	0.50	1.00	2.00	4.00	8.00	10.00
吸光度							
标准曲线：							

表 14-2 气体浓度测定记录表

	入口处(吸收前)						出口处(吸收后)						净化效率,η/%
	吸光度,A	SO_2 含量 m_{SO_2}/μg	样品总体积,V/mL	分析取样品总体积,V_1/mL	采样体积,V_N/mL	SO_2 浓度,C_1/(mg/m³)	吸光度,A	SO_2 含量 m_{SO_2}/μg	样品总体积,V/mL	分析取样品总体积,V_1/mL	采样体积,V_N/mL	SO_2 浓度,C_2/(mg/m³)	
1-1													
1-2													
2-1													
2-2													
3-1													
3-2													

采样口处 SO_2 浓度 C_{SO_2}(mg/m³)按式(14-2)计算，SO_2 净化效率 η_{SO_2}(%)按式(14-3)计算：

$$C_{SO_2}=\frac{m_{SO_2}}{V} \tag{14-2}$$

$$\eta_{SO_2}=\frac{C_1-C_2}{C_1}\times 100\% \tag{14-3}$$

式中：V——采样口标准状态下的采样体积，L；

m_{SO_2}——样品测定中 SO_2 含量，μg；

C_1——入口处 SO_2 浓度，mg/m³；

C_2——出口处 SO_2 浓度，mg/m³。

七、注意事项

(1) 吸收塔出口务必通过管道连接排放到室外。

(2) SO_2 气瓶的使用应严格按实验室的相关安全规程运行管理。

(3) 正确掌握 SO_2 显色温度和显色时间,严格控制反应条件。

八、思考题

(1) 吸收塔脱硫的净化效率与哪些因素有关?

(2) 烟气脱硫的新技术有哪些?

(3) 分析液气比、入口 SO_2 的浓度对净化效率有什么影响?

实验十五 铸造业粉尘袋式除尘器除尘效率的测定(4学时)

中国是铸造业大国，自2000年起年产量连续多年居世界首位，2013年各类铸件总产量4450万t，占世界产量的40%。铸造业属于高能耗、污染重的行业，污染源分散、浓度较低，气体量大。据统计，2013年铸造业排放粉尘220万t，废气450亿～900亿m^3，江苏、山东、浙江、上海、湖北等是国内铸造业发达地区。粉尘污染主要来源于混砂和砂型制作过程中以及浇注过程中散发的煤粉、黏土。目前针对铸造业粉尘污染主要采用的处理设施是采用纤维织物做滤料的袋式除尘器。

一、实验目的

(1) 掌握袋式除尘器的工作机制。

(2) 了解袋式除尘器的构造、压力损失。

(3) 熟悉不同粒径、不同处理流量对除尘效率、压力沉降的影响。

二、实验原理

袋式除尘器主要原理是：含尘气流从进气管进入除尘设备后，从圆筒形滤袋外侧向滤袋内侧流动，在通过滤料的孔隙时，粉尘被捕集于滤料上，透过滤料的清洁气体由滤袋上部开口排出。沉积在滤料上的粉尘，可定期由在布袋开口上方的压缩空气喷嘴释放高压气体而造成滤袋膨胀、振动而从滤料表面脱落，落入灰斗中。因为滤料本身网孔较大，新鲜滤料的除尘效率较低，粉尘因截流、惯性碰撞、静电和扩散等作用，逐渐在滤袋表面形成粉尘层，常称为粉层初层。初层形成后，它成为袋式除尘器的主要过滤层，提高了除尘效率。滤布只不过起着形成粉层初层和支撑它的骨架作用，但随着粉尘在滤袋上积聚，滤袋两侧的压力差增大，会把有些已附在滤料上的细小粉尘挤压过去，使除尘效率显著下降。另外，若除尘器阻力过高，还会使除尘系统的处理气量显著下降，影响生产系统的排风效果。因此，除尘器阻力达到一定数值后，要及时清灰。

袋式除尘器除尘效率较高，对微细粉尘也有较高除尘效果。除尘效率与结构形式、清灰方式、滤料种类等因素有关。本实验在清灰方式、滤料种类已定的前提下，分析进气方式及优缺点，测定除尘器主要性能指标，测定不同处理流量对压力损失和除尘效率的影响。袋式除尘器根据进气方式不同分为上进气和下进气、内滤式和外滤式。内滤式是指含尘气体由滤袋内侧向滤袋外侧流动，粉尘被阻留在滤袋内侧表面，有无骨架都可，进口很容易发生磨损。外滤式需要设置骨架，防止滤袋吹瘪。粉尘浓度高的环境多采用外滤式。

三、实验装置和试剂

实验所用袋式除尘器如图15-1所示。该除尘器采用涤纶针刺毡覆膜滤袋、高压脉冲空气清灰方式，共6条滤袋，压环处用U型管压差计可以测定压强差。

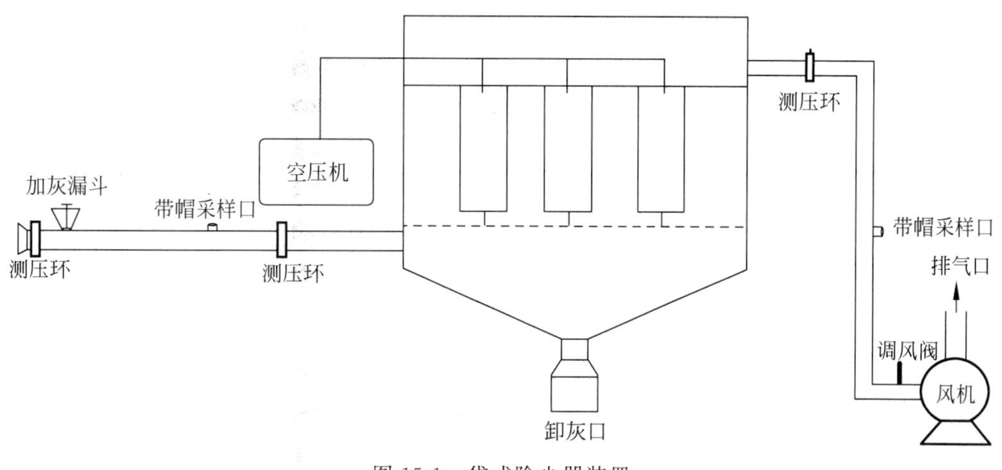

图 15-1　袋式除尘器装置

实验所用器材为药匙、分析天平、鼓风干燥箱、直尺、玻璃棒，试剂为铸造业粉尘。

四、实验过程

(1) 检查设备系统外况和全部电气连接线有无异常。

(2) 测量记录室内空气的温度、相对湿度、当地的大气压力。观察除尘器气体进出口方式，滤料种类和总过滤面积。测量进出口断面的直径 D。将 U 型管压差计与测压环相连，做好实验准备。

(3) 称取一定质量的粉尘，在(105±5) ℃下干燥后，放到自动发尘装置灰斗中。

(4) 打开电控箱总开关，合上触电保护开关；启动数据采集系统；在风量调节阀关闭的状态下，启动电控箱面板上的主风机开关。

(5) 调节风量调节开关至所需的实验风量，启动自动发尘装置电机，调整到稳定的加灰速率；调整好发尘浓度使其稳定。

(6) 系统运行稳定后，通过数据采集系统观测进出口气流中的含尘浓度 C_1、C_2 和流量 Q_1、Q_2。每隔 10 s 记录数据，连续记录 2 min。同时，每隔相同时间，连续记录 U 型管压差计的数值测定，取其平均值作为近似压力损失。

(7) 调节 3 个风量梯度 20、30 和 40，重复上述实验步骤(3)～(6)。

(8) 15 min 后，重复实验步骤(3)～(7)。

(9) 依次关闭发尘装置、风机，停止进气，启动空压机，调节出口气体压力 3 kg/m^2，脉冲清灰滤袋 5 s，使布袋黏附粉尘脱落，下落到灰斗，测定干燥后的粉尘质量。

(10) 清理卸灰装置，关闭数据采集装置和控制箱电源。

五、实验结果记录

除尘器滤料面积：________；气体进出口方式：________；清灰方式________；

物料：________；粒径：________；初始质量：________

本实验共进行六组，分别为 1～20，1～30，1～40，2～20，2～30，2～40，其中 1～20 的实验数据记录如表 15-1 所示。每个时间段的除尘效率按照式(15-1)进行计算。

表 15-1　每个风速梯度下的数据记录(以 1～20 为例)

	入口流量/(m^3/s)	入口浓度/(mg/m^3)	出口流量/(m^3/s)	出口浓度/(mg/m^3)	压力损失/(mmH_2O)	除尘效率/%
10 s						
20 s						
30 s						
⋮						
2 min						
平均						

注：1 mmH_2O=9.806 Pa。

根据式(15-1)计算除尘效率 η 和气体流速 V：

$$\eta_i = \left(1 - \frac{C_{2i}Q_{2i}}{C_{1i}Q_{1i}}\right) \times 100\% \tag{15-1}$$

式中：C_{1i}——某一时间入口的粉尘浓度，mg/m^3；

C_{2i}——某一时间出口的粉尘浓度，mg/m^3；

Q_{1i}——某一时间入口的气体流量，m^3/s；

Q_{2i}——某一时间出口的气体流量，m^3/s。

$$V_{1i} = \frac{Q_{1i}}{A} = \frac{4Q_{1i}}{\pi D^2} \tag{15-2}$$

式中：D——入口断面直径，m。

整理两组不同风速梯度下的压力损失和除尘效率数据，绘制实验性能曲线，分析不同风速梯度下不同流速对压力损失和除尘效率的影响。根据两组对比，分析压力损失、除尘效率随过滤时间的变化规律。

六、注意事项

(1) 设备长期不使用时，应将装置内的灰尘清干净，放在干燥、通风的地方。

(2) 需要对粉尘提前干燥以防止粉尘黏附在进灰装置的壁上，同时，可用玻璃棒辅助进样，但要注意不要触及进灰装置。

(3) 当数据采集系统显示的除尘器的压力损失上升到 1000 Pa 或更大时，须依次关闭发尘装置、风机，停止进气，进行清灰。

七、思考题

(1) 分析风速对袋式除尘器除尘效率的影响。

(2) 在一次清灰周期中，压力损失、除尘效率随过滤时间的变化规律是什么？

(3) 分析铸造业粉尘经袋式除尘器后是否达标排放。

(4) 分析讨论设备可能的优化条件。

实验十六　射流耦合液膜技术除去微尘实验(6学时)

落后的生产工艺是产生 PM2.5 的重要原因之一,PM2.5 防治要从源头入手,采取综合治理策略,改善现有除尘技术和设备,严格控制工业生产产生的粉尘。现有工业除尘技术包括传统的密闭式除尘、过滤式除尘、电除尘、喷水或喷雾除尘等,新技术主要以生物纳膜抑尘技术为代表。传统除尘技术是在粉尘产生后,通过各种方法控制、收集粉尘,以生物纳膜抑尘为代表的新型除尘技术主要是聚焦于从源头控制粉尘产生。从源头控制粉尘的扩散,能够大幅提高除尘效率并降低能耗。欧美等发达国家也都普遍采取综合治理的策略,从源头入手,采取措施减少一次生成的 PM2.5,同时还要加强对建筑工地、道路的扬尘管理。柏美迪康独有的生物纳膜技术已在国内一些大型矿山、工业集团有较为理想的应用,能有效防治 PM2.5 污染,成功帮助企业改善劳动作业环境,以符合国家的卫生及环保标准。

一、实验目的

(1) 了解射流和液膜吸附原理。

(2) 掌握强化吸附和团聚的一般技术方法,并学会利用射流技术强化团聚的原理。

(3) 了解除尘基本原理,学会分析影响除尘效率的因素。

二、实验原理

1. 团聚机理

在高速流场内,通过射流,微尘颗粒不仅具有很高的动量,而且粒径也很小,颗粒会与颗粒表面液膜产生巨大的团聚力或倾向,必然会形成较大的团聚体。进而团聚体被捕获,颗粒物同时下行而分离,气体上行而净化。

2. 液膜吸附原理

液膜技术原理是在料液相和反萃相之间引入一层与料液相和反萃相不相混溶的萃取相液膜,利用这一层液膜实现分隔两相,并对溶质分子进行选择性传递的作用。吸附原理是:相互接触的气、液两相流体之间存在着稳定的相界面,界面两侧存在着做滞流流动的很薄的气膜和液膜,在气膜和液膜的外部则是做湍流流动的气相和液相主体。在吸收过程中,吸收质首先由气相主体扩散到气膜,再通过气膜扩散到相界面,在界面上吸收质溶解于液体中,然后再通过液膜扩散到液相主体。吸收质以分子扩散的方式通过气膜和液膜。由于气相主体和液相主体中流体的充分湍动,吸收质浓度均匀一致,不存在传质阻力。吸收速率主要决定于通过此双膜的扩散速率,因此提高气、液两相流体的湍流程度,可以减小气膜和液膜厚度,从而增大吸收速率。

此反应器外筒内靠近出气管口的一端安装有喷淋装置,液滴下落吸附空气中的细微颗粒,同时在内筒下方有过滤板,上有硫化物颗粒,液体在向下喷淋的过程中会有一部分留在过滤板上方形成液膜,对微小颗粒进一步吸收。

3. 射流机理

流体从喷管或孔口中喷出,脱离固体边界的约束,在液体或气体中做扩散流动,并同围流体掺混成一股流体流动。经常遇到的大雷诺数射流一般是无固壁约束的自由湍流，称为射流。这种湍性射流与边界上活跃的湍流混合，将周围流体卷吸进来而不断扩大，并流向下游。射流一般为紊流流型，具有紊动扩散作用，能进行动量、热量和质量传递。

设备中气体自孔口、管嘴或条缝经外筒射流进入内筒，在内筒中形成旋流(螺旋向上)，通过喷淋吸收后实现除尘。

4. 旋风分离工作原理

净化气体通过设备入口进入设备内旋风分离区，当含杂质气体沿轴向进入旋风分离管后，气流受导向叶片的导流作用而产生强烈旋转，气流沿筒体呈螺旋形向下进入旋风筒体，密度大的液滴和尘粒在离心力作用下被甩向器壁，并在重力作用下，沿筒壁下落流出旋风管排尘口至设备底部储液区，从设备底部的出液口流出。旋转的气流在筒体内收缩向中心流动，向上形成二次涡流，经导气管流至净化天然气室，再经设备顶部出口流出。

三、实验仪器及试剂

1. 实验仪器

激光粒度仪，自制的射流耦合液膜除尘器(图 16-1)，另外配置液体泵、气泵、集气袋(1 L)等。

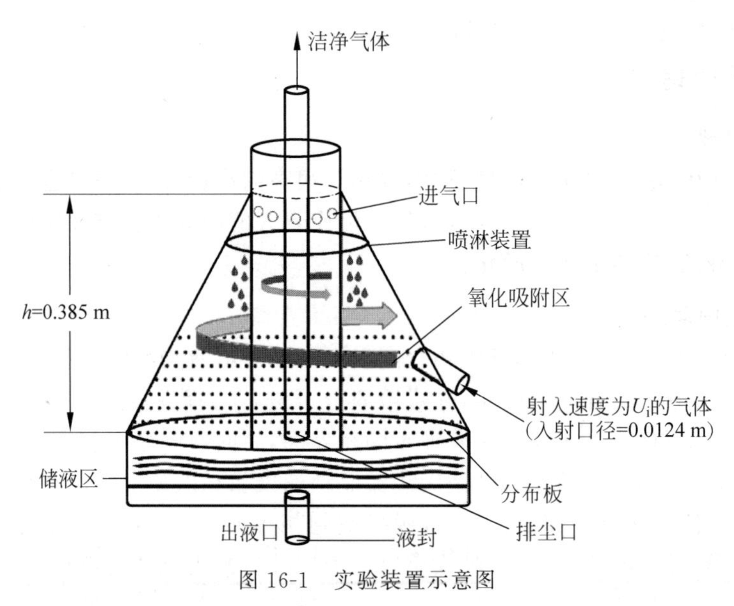

图 16-1 实验装置示意图

2. 试剂

粉尘：400～800 目石英砂，纳米二氧化钛(25 nm)各 2 g，活性炭颗粒(200 目)30 g。

四、实验样品预处理

将不同粒径的粉尘颗粒按照比例混合成模拟粉尘，混合比例：石英砂∶二氧化钛＝1∶1，1∶2，2∶1。

吸附填料：分别准备不同质量的活性炭颗粒填入床体，5 g、8 g、11 g。

五、实验步骤(含标准曲线的制作)

1. 空床运行实验

以空气为模拟气体进行射流实验,调整操作气速、液体喷淋速率,观察床层内活性炭颗粒的运行状态,记录活性炭颗粒实现完全旋流时的射流速度,观察并记录液体形成液膜而不浸没活性炭颗粒的液体喷淋速率。

2. 除尘实验

以掺加不同比例和数量模拟粉尘的空气为模拟气体,重复上述射流实验,调整不同操作气速、液体喷淋速率,观察床层内活性炭颗粒的运行状态,记录活性炭颗粒实现完全旋流时的射流速度,观察并记录液体形成液膜而不浸没活性炭颗粒的液体喷淋速率。同时采集出口气体 1 L,用激光粒度仪测定除尘效率。

六、实验数据(含实验原始数据记录表)

1. 除尘效率记录表(表 16-1)

表 16-1 除尘效率实验数据记录表

实验编号	1	2	3	4	5	6	7
粉尘混合比例							
射流速度,$V/(m^3/s)$							
液体喷淋速率,$A/(mL/s)$							
采集气体含尘量,$C/(mg/m^3)$							
除尘效率,$\eta/\%$							

2. 实验结果分析

实验结果要求绘制以下曲线图,并对实验结果进行分析。

(1) 含尘量-除尘曲线。

(2) 射流速度-除尘曲线。

(3) 液体喷淋速率-除尘曲线。

七、注意事项

(1) 在测水样的含尘量时,注意将气体含尘转化为液体含尘的过程与换算。

(2) 颗粒团聚吸附除尘可能会堵塞活性炭微孔,会影响除尘效果。

八、思考题

(1) 射流的作用是什么?

(2) 除尘与团聚的关系是什么?

(3) 依托该除尘器,主要影响因素有哪些?

实验十七　喷淋吸收苯醌去除异味实验(6学时)

苯醌(benzoquinone)是一种有机物,分子式为 $C_6H_4O_2$。有邻苯醌(1,2-苯醌)和对苯醌两种。对苯醌较重要,苯醌通常指对苯醌。对苯醌为金黄色棱晶;熔点 115～117 ℃,密度 1.318 g/cm^3(20 ℃),能升华并能随水汽蒸馏;溶于热水、乙醇、乙醚和碱。邻苯醌为红色片状或棱晶;在 60～70 ℃分解;溶于乙醚、丙酮和苯。因某公司主要产品之一对苯醌易挥发,且具有较大的气味,如果不进行处理直接排放容易造成环境污染而且造成资源浪费。所以我们根据企业实际情况,进行尾气处理吸收试验,争取消除气味,达到环保要求,同时又对吸收液进行回收利用,以提升公司产值。

一、实验目的

(1) 掌握喷淋吸收的原理和工艺。

(2) 了解喷淋吸收工艺的关键参数,学会分析。

二、实验原理

含尘气体、黑烟尾气经烟管进入废气净化塔的底部锥斗,烟尘受水浴的冲洗,经此处理的黑烟、粉尘等污染物经水浴后,有一部分尘粒随气体运动,冲击水雾并与循环喷淋水相结合,在主体内进一步充分混合,此时含尘气体中的尘粒便被水捕集,尘水经离心或过滤脱离,因重力经塔壁流入储液箱,净化气体外排。废水在储液箱沉渣,定期清捞、外运。喷淋塔吸收装置如图 17-1 所示。

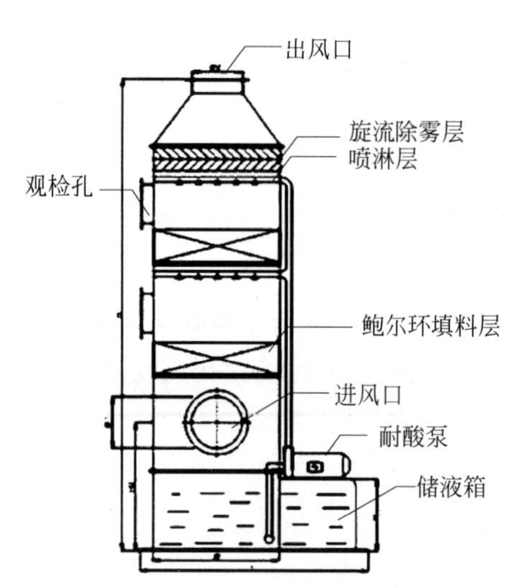

图 17-1　喷淋塔吸收装置示意图

喷淋吸收塔在处理工业废气方面是通过风机组将收集到的废气吸入洗涤塔内,流经填充层段(气/液接触反应的介质),让废气与填充物表面流动的药液(洗涤液)充分接触,以吸附废气中所含的酸性或碱性污物,然后再将清洁气体与被污染的液体分离,达到清净空气的目的。

喷淋吸收塔用途：废气吸收、净化，烟气除尘，降温等。

喷淋吸收塔由塔体、填料、喷淋系统、循环水池、引风机等组成。

喷淋吸收塔塔内填料层作为气液两相间接触构件的传质设备。填料塔底部装有填料支承板，填料以乱堆方式放置在支承板上。填料的上方安装填料压板，以防被上升气流吹动。喷淋液从塔顶经液体分布器喷淋到填料上，并沿填料表面流下。气体从塔底送入，经气体分布装置分布后，与液体呈逆流连续通过填料层的空隙，在填料表面上，气液两相密切接触进行传质。当液体沿填料层向下流动时，有时会出现壁流现象，壁流效应造成气液两相在填料层中分布不均，从而使传质效率下降。因此，喷淋吸收塔内的填料层分为两段，中间设置再分布装置，经重新分布后喷淋到下层填料上，为了避免气体携走喷淋液，塔顶部的气水分离器有效截留喷淋液。喷淋液循环使用，在使用过程中喷淋液会有部分损失，位于塔底的循环水箱适时补充喷淋液。

三、实验仪器及试剂

1. 实验仪器

根据气液逆向接触原理，并为了增加气液接触时间，设计了小型喷淋吸收装置如图 17-2 所示。

图 17-2　实验装置示意图

通过查询资料并结合对苯醌自身特点，根据吸收性能确定 5 种不同吸收剂(如水、乙醇、稀硫酸、稀氢氧化钠溶液、水/乙醇混合吸收剂)。吸收液进出口阀门开度一定，气体进出口阀门开度一定，吸收装置填料径：高为 1：0.5。

分光光度法标定苯醌，采用 T9 紫外可见分光光度仪标定苯醌浓度。

2. 试剂

苯醌，吸收剂。

四、实验样品预处理

1. 制定标准曲线

(1) 将苯醌配置成浓度为 0.2～0.3 g/L 的溶液。

(2) 最大吸收波长的测定：取适量溶液于比色皿中，用分光光度计扫描全波长，找到其最大吸收波长。

(3) 绘制标准曲线。

① 取体积为5 mL的苯醌溶液7组，分别加入不同体积的蒸馏水，稀释为不同浓度的苯醌溶液，然后用分光光度计测出不同浓度对应的吸光度，填在表17-1中，根据苯醌浓度和测出的吸光度得出其标准工作曲线。

② 可通过此标准工作曲线和测出的吸光度来求出降解不同时间下的溶液浓度，进而求出苯醌的去除率：

$$\eta=\left(1-\frac{C}{C_0}\right)\times 100\% \tag{17-1}$$

式中：η——苯醌的去除率，%；

C——某时刻的苯醌质量浓度，g/L；

C_0——苯醌的初始质量浓度，g/L。

测定上述不同浓度苯醌的吸光度时，都是在其最大吸收波长，以蒸馏水为参比测定的。

2. 苯醌吸收去除

(1) 配置不同浓度的苯醌5 L。

(2) 取500 mL配置悬浊液置于液体池中，启动液体循环泵5 min后，观察吸收过程。每隔10 min取样测定其吸光度，将吸光度的测定值填于表17-2中。

(3) 根据标准曲线求出吸收不同时间、不同吸光度下的苯醌溶液浓度。再根据式(17-1)，求出不同苯醌溶液初始浓度的去除率。

五、实验数据整理

表17-1 标准工作曲线的测定数据

苯醌/mL	蒸馏水/mL	总量/mL	浓度/(g/L)	吸光度
5	4	9	0.1262	
5	6	11	0.1033	
5	8	13	0.0874	
5	10	15	0.0757	
5	12	17	0.0668	
5	14	19	0.0598	
5	16	21	0.0541	

表17-2 不同苯醌溶液浓度的吸光度

时间/min	吸光度	计算浓度/(g/L)	备注
0			
10			
20			
30			
40			
50			
60			
70			

六、注意事项

（1）在研究流速对吸收的影响时，注意其变化趋势。

（2）在研究填料对吸收的影响时，注意填料种类、尺寸、开孔率等因素分析。

七、思考题

（1）喷淋吸收塔的优缺点是什么？

（2）除了浓度会影响吸收外，还有哪些可能的影响因素？

（3）实验工程可能会有误差，如何减小误差？

实验十八 制金行业酸性尾气回收减排实验(6 学时)

有些酸性气体溶于水后生成酸,如硫氧化物、氮氧化物等,这类气体在大气中含量极其少,在有些地区甚至检测不到。酸性气体的存在会增加对管道和设备的腐蚀而影响其使用寿命。在天然气低温分离过程中,CO_2 有可能形成干冰而堵塞管道和设备;含 H_2S 较多的天然气燃烧时会出现异味,燃烧所生成的 SO_2 等化合物会污染环境;在催化加工中,含硫的烃类化合物会使催化剂中毒。因此,酸性气体的脱除是制金行业酸性尾气净化的主要任务之一。根据企业废气特点及同类废气喷淋塔实际运行效果,采用两级碱液喷淋方式吸收处理酸性废气,酸性废气通过设备配套管道从塔体下方进气口沿切向进入喷淋塔,在风机的动力作用下,迅速充满进气段空间,在喷淋段中吸收液从均布的喷嘴高速喷出,形成无数细小雾滴与气体充分混合、接触,继而被水吸收,使其达标排放。

一、实验目的

(1) 掌握酸性气体回收与减排的原理和工艺。

(2) 了解回收工艺的关键参数,学会分析设计参数的影响规律。

二、实验原理

含酸性气体的尾气是制金工艺中煮酸池受热后挥发产生的,经收集罩进入废气降温吸收塔后,经陶粒填料吸附并降温,逐步形成凝结流体,大部分会产生回流进入收集斗内,从而可进一步回流到煮酸池。剩余部分尾气进入竖管通道,会进一步冷凝形成小液滴回流,在回流主体内与陶粒吸附的气体进一步充分混合、液化,因重力经塔壁流入煮酸池,实现净化后气体外排。酸性气体回收减排装置原理图同喷淋塔吸收装置原理图(见图 17-1)。

填料塔在处理工业废气方面是通过风机组将收集到的废气吸入塔内,流经填充层段(陶粒),让废气与填充物充分接触,以吸附废气中所含的酸性气体,液化后将酸性液体分离,达到清洁空气的目的。

填料塔用途:废气吸收、净化,烟气除尘,降温等。

填料塔由塔体、填料、液体分布器、气水分离器、回流系统、回收池等单元组成。

填料塔内填料层是气液两相间接触构件的传质设备。其结构特点详见实验十七相关内容。填料塔内的填料层分为两段,中间设置再分布装置,经重新分布后可避免气体携走液体,塔顶部的气水分离器能有效截留小液滴。

三、实验仪器及试剂

1. 实验仪器

根据气固接触原理,并为了增加气液接触时间,设计了小型填料塔装置。上部为气体出气口,与之相连部分为风机;右下部为气体进气口,与之相连部分为气体收集装置;中间部分根据需要添加一定量填料。

2. 试剂

酸性气体(SO_2,HCl)。

3. 检测方法

出口尾气采集后做成溶液,检测 pH 值为 5～6 即为合格。

四、实验步骤

(1) 配置不同浓度的硫酸或盐酸溶液 5 L。

(2) 取 500 mL 配置溶液置于煮酸池中,保持温度在 80～85 ℃。观察酸性气体开始外溢的情况,并在尾气出口检测 pH 值。启动酸性液体循环泵 30 min 后,尾气出口检测 pH 值。每隔 10 min 取样测定一次,将测定值列于表 18-1 中。

(3) 根据初始投料量和最后冷却降温酸性溶液的量,求出酸性溶液的损失率,进而与未加放回收器的损失率对比,可得到相应的回收率。

损失率 =(初始投料量 − 最后冷却降温酸性溶液的量)/ 初始投料量

回收率 = 未加放回收器的损失率 − 加放回收器的损失率

五、实验数据整理

表 18-1　不同酸性溶液浓度尾气出口处的检测 pH 值

时间/min	检测 pH 值	细节说明	备注
0(初始值)			
10			
20			
30			
40			
50			
60			
70			
回收率			

六、注意事项

(1) 在研究流速对酸性气体回收率的影响时,注意分析气体流速变化对回收率的影响趋势。

(2) 在研究填料对酸性气体回收率的影响时,注意分析填料数量、尺寸、开孔率等因素的作用机制。

七、思考题

(1) 填料塔不同填料(陶粒、活性炭)的优缺点是什么?

(2) 有哪些可能的因素会影响回收效率?

实验十九　旋流耦合液膜脱硫实验(6学时)

液膜技术原理是在料液相和反萃相之间引入一层与料液相和反萃相不相混溶的萃取相液膜,利用这一层液膜实现分隔两相并对溶质分子进行选择性传递的作用。液膜技术的吸附原理见实验十六相关内容。

一、实验目的

(1) 了解旋流和液膜吸附原理。

(2) 掌握强化旋流和脱硫的一般技术方法,并学会利用旋流技术强化脱硫的原理。

(3) 学会分析影响脱硫效率的因素。

二、实验原理

1. 液膜吸收吸附原理

反应器外筒内靠近出气管口的一端安装有喷淋装置,液滴下落吸附空气中的细微颗粒,同时在内筒下方有过滤板,上有硫化物颗粒,液体在向下喷淋的过程中会有一部分留在过滤板上方形成液膜,对微小颗粒进一步吸收。

2. 旋流机理

流体从喷管或孔口中喷出,脱离固体边界的约束,在液体或气体中做扩散流动,并同周围流体掺混成为一股流体。大雷诺数射流一般是无固壁约束的自由湍流,称为射流。这种射流与边界上活跃的湍流混合,将周围流体卷吸进来而不断扩大,并流向下游。射流一般为紊流流型,具有紊动扩散作用,能进行动量、热量和质量传递。

设备中气体自孔口、管嘴或条缝经外筒射流进入内筒,在内筒内形成旋流(向上)。净化气通过设备入口进入设备内旋风分离区,气流受导向叶片的导流作用而产生强烈旋转,气流沿筒体呈螺旋形向下进入旋风筒体,液滴在离心力作用下被甩向器壁,并在重力作用下,沿筒壁下落流出旋风管排尘口至设备底部储液区,从设备底部的出液口流出。旋转的气流在筒体内收缩向中心流动,向上形成二次涡流,经导气管从设备顶部出口流出。

3. 脱硫原理

利用酸碱中和反应原理,酸性气体 SO_2 与碱性化合物 NaOH 反应,生成中性盐,从而解决了大气中的 SO_2 外溢问题。

三、实验仪器及试剂

1. 实验仪器

自制的旋流耦合液膜脱硫装置(详见图16-1),另外配置液体泵、气泵、集气袋(1 L)等。

2. 试剂

活性炭颗粒(200 目)30 g；SO_2 气体(钢瓶存储)。

四、实验样品预处理

空气和 SO_2 气体分别在风机驱动下，采用流速控制配置不同浓度的 SO_2 气体，合并的气流作为进入反应器的流体。

吸附填料：分别准备不同质量(5 g,8 g,11 g)的活性炭颗粒填入床体。

配置 10 g/L 的 NaOH 溶液用作喷淋液，喷淋量控制在 20～60 L/h。

五、实验步骤(含标准曲线的制作)

1. 空床旋流运行实验

以空气为模拟气体进行射流实验，调整操作气速、液体喷淋速率，观察床层内活性炭颗粒的运行状态，记录活性炭颗粒实现完全旋流时的射流速度，观察并记录液体形成液膜而不浸没活性炭颗粒的液体喷淋速率。

2. 脱硫实验

以不同浓度的 SO_2 气体为模拟气体，重复上述旋流实验，调整不同操作气速、液体喷淋速率，观察床层内活性炭颗粒的运行状态，记录活性炭颗粒实现完全旋流时的射流速度，观察并记录液体形成液膜而不浸没活性炭颗粒的液体喷淋速率。同时采集出口气体 1 L，采用化学法检测 SO_2 的浓度。《环境空气 二氧化硫的国标测定方法 甲醛吸收-副玫瑰苯胺分光光度法》(HJ 482—2009)，该方法灵敏度高，样品采集后较稳定。

SO_2 经甲醛缓冲液吸收，生成稳定的羟甲基磺酸加成化合物。加入 NaOH 使其分解，释放出 SO_2。SO_2 与副玫瑰苯胺、甲醛作用后生成紫红色化合物。其色泽深浅与吸收液中 SO_2 的含量成正比，在波长 577 nm 处测定其吸光度。使用 10 mL 吸收液，采样体积为 30 L，测定下限为 0.007 mg/m^3。

六、实验数据(含实验原始数据记录表)

1. 除尘效率记录表(表 19-1)

表 19-1 除尘效率实验数据记录表

实验编号	1	2	3	4	5	6	7
不同浓度的 SO_2 气体，$C/(mg/m^3)$							
射流速度，$V/(m^3/s)$							
液体喷淋速率，$A/(mL/s)$							
采集气体含硫量，$C_t/(mg/m^3)$							
脱硫效率，$\eta/\%$							

2. 实验结果分析

实验结果要求绘制以下曲线图，并对实验结果进行分析。

(1) 含硫量-脱硫曲线。

（2）射流速度-脱硫曲线。

（3）液体喷淋速率-脱硫曲线。

七、注意事项

（1）在测水样的含硫量时，注意将气体含硫（SO_2）转化为液体含硫（硫酸钠）的过程与换算。

（2）活性炭颗粒实验过程中可能会堵塞微孔，会影响脱硫效果。

八、思考题

（1）旋流的作用是什么？

（2）旋流与脱硫的关系是什么？

（3）依托该反应器说说主要影响脱硫的因素有哪些。

实验二十 改性粉煤灰的氨吸附作用(4学时)

工矿企业燃煤发电、供热过程中,会产生大量的粉煤灰,污染大气环境,影响空气质量。但是,粉煤灰的颗粒小、比表面积大,成分多、吸附位点多的特点,也使其具有较强的吸附其他物质的能力,因此,通过物理或化学方式,改变甚至提高其吸附氨为代表的污染物,可以考察及增加粉煤灰的资源化利用价值。

一、实验目的

(1) 通过高温灰化、化学反应的实验手段,改变粉煤灰的吸附能力。

(2) 通过实验考察粉煤灰对大气中氨的吸附能力。

二、实验原理

通过高温焙烧的方式,熔化粉煤灰中的可熔性物质,使之变得结构疏松多孔、体积增大、表面积增大。利用酸的腐蚀作用,溶解粉煤灰中的硅、铝氧化物,使其表面变得粗糙、形成(释放)孔洞,增大比表面积。经过物理、化学的手段,提高粉煤灰颗粒对氨的吸附能力。

三、实验器材和试剂

1. 主要器材

电子天平,马弗炉,摇床,离心机(水平转子、PTFE具塞离心管),可见分光光度计等。

2. 主要试剂

混合酸:分别量取50 mL硫酸、50 mL盐酸,按顺序加入100 mL蒸馏水中,搅拌、稀释并定容到200 mL容量瓶中,备用。

氨氮标准贮备液(1 g/L):称取3.8190 g氯化铵(优级纯NH_4Cl,105～110 ℃烘干2 h),溶解于水中,稀释并定溶于1 L容量瓶中。

氨氮标准溶液(10 mg/L):移取5 mL标准贮备液于500 mL容量瓶中,加水稀释、定容,备用。

酒石酸钾钠溶液:称量50 g酒石酸钾钠于适量水(80～90 mL)中溶解,电热炉加热煮沸去氨,冷却后定容于100 mL容量瓶,备用。

纳氏试剂:称量160 g氢氧化钠(NaOH)溶于400 mL左右水中,逐量加入、持续搅拌,冷却至室温(溶液A);称量70 g碘化钾(KI)和100 g碘化汞(HgI_2)于适量水中(溶液B);搅拌过程中,将溶液B缓慢加入溶液A中,稀释至1 L,置具塞聚乙烯瓶中避光保存。

四、实验过程

1. 样品的采集

从学校周边的热电厂,采集企业燃煤烟气在自净过程中产生的粉煤灰,封口袋保存,在实验室进行改性处理。

2. 粉煤灰改性

物理高温焙烧改性:称取2 g粉煤灰样品于坩埚中,置于马弗炉内,1200 ℃高温灰化

1 h,冷却后取出,封口袋中保存备用。

混合酸化学溶蚀改性：称取 3 g 粉煤灰样品置于 50 mL 离心管中,加入 30 mL 混合酸溶液,旋紧管塞,水平振荡器 150 r/min 振荡 1 h。离心管置于离心机中,3000 r/min 离心 10 min,弃去上清液,再加入等体积混合酸,重复振荡、离心、弃液操作,重复 2 次。

将 3 g 粉煤灰和 30 mL 蒸馏水置于离心管中,150 r/min 水平振荡 10 min,3000 r/min 离心 10 min,弃去上清液,重复操作,直至上清液 pH 接近中性。

转移灰样于烧杯中,在烘箱中 105 ℃烘干,冷却后于封口袋中保存,备用。

3. 吸附氨氮

分别称取 0 g、0.1 g、0.2 g、0.4 g、0.5 g、1.0 g 不同改性类型(高温、化学溶蚀、未改性)的粉煤灰,转移到 50 mL 具塞离心管中,各加入 20 mL 氨氮标准溶液(10 mg/L),水平振荡器 150 r/min 振荡 1 h。离心管置于离心机中,3000 r/min 离心 10 min,取 5 mL 上清液于比色管中,稀释至刻度线。分别加入 1 mL 酒石酸钾钠溶液、1 mL 纳氏试剂,静置显色 5 min,420 nm 波长下,以水做空白参比,检测吸光度。

通过计算得到改性后单位质量粉煤灰对氨氮的最大吸附量。同时,根据 3 组(高温焙烧组、化学溶蚀组和未改性对照组)不同的吸附结果,比较改性对粉煤灰的吸附能力的影响,分析物理与化学两种改性方式的效果。

五、结果计算

单位质量粉煤灰吸附氨氮含量：

$$A=\frac{(C_0-C_1)\times V}{M\times 1000}$$

式中：A——粉煤灰吸附氨氮含量,mg/g;

C_0——氨氮标准溶液质量浓度,mg/L;

C_1——粉煤灰吸附后离心管内氨氮溶液质量浓度,mg/L;

V——离心管中氨氮溶液体积,mL;

M——离心管中粉煤灰质量,g。

分别计算不同改性方式获得粉煤灰样品吸附氨氮的能力,比较物理高温焙烧与混合酸化学溶蚀对改变粉煤灰吸附能力的影响。

六、注意事项

(1) 氨有显著刺激性气味,实验时须佩戴口罩,注意安全。

(2) 氨有明显的腐蚀性,操作时须带防护手套。

七、思考题

(1) 物理改性与化学改性有哪些相同之处和本质区别?

(2) 除了采用混合酸的改性手段,还可以采取哪些方式?

实验二十一　电除尘装置除尘效率的测定(4学时)

电除尘器(electrostatic precipitator)是在高压电场内，使悬浮于气体中的粉尘受到气体电离的作用而荷电，荷电粉尘在电场力的作用下，向极性相反的电极运动，并吸附在电极上，通过振达、擦刷或冲洗等方式使其从电极表面清除，在重力作用下落入灰斗的除尘器。电除尘器一般具有较高的除尘效率，处理烟尘颗粒范围广，烟气量大；对烟尘的含尘浓度适应性好；压力损失小；能耗低。

在收集细粉的场合，电除尘器是主要的除尘装置之一。电除尘器应用广泛，主要应用包括：①电力行业，常见于燃煤锅炉的烟气除尘，烟气量大，在目前的大气污染重点治理中，该行业占的比例较高；②水泥建材行业，含尘浓度极高，对当地环境污染严重；③化学行业，污染物成分复杂，属于有机或无机化合物混合烟气，烟气量较小；④钢铁行业，包括烧结厂、焦化厂、炼铁厂、炼钢厂等。

一、实验目的

(1) 了解电除尘器的除尘原理。

(2) 熟悉电除尘器的除尘效率测定过程。

(3) 掌握分级除尘效率和总除尘效率的关系。

二、实验原理

电除尘器的工作原理涉及悬浮粒子荷电，带电粒子在电场内的迁移和捕集，以及将捕集物从集尘表面清除三个基本过程。高压直流电晕是使粒子荷电最有效的办法，广泛应用于静电除尘过程。电晕过程发生于活化的高压电极和接地极之间，电极之间的空间形成高浓度气体离子，含尘气流通过这个空间时，尘粒在短时间内因碰撞俘获气体离子而导致荷电。荷电粒子的捕集是使其通过延续的电晕电场或光滑的不放电的电极之间的纯静电场而实现。通过振打除去接地电极上的灰层并使其落入灰斗，当粒子为液态时，比如硫酸雾或焦油，被捕集粒子会发生凝聚并滴入下部容器中。

净化效率又叫除尘效率，是除尘装置净化污染物效果的重要技术指标，有多种表达方式。

1. 总除尘效率

实验中的总除尘效率是指同一时间内净化装置去除的污染物数量与进入装置的污染物数量之比。除尘器进口粉尘流量为 q_1(g/s)，除尘器出口粉尘流量为 q_2(g/s)，捕集下来的污染物流量为 q_3(g/s)，则有

$$q_1 = q_2 + q_3 \tag{21-1}$$

则电除尘器的总除尘效率 η 可以表示为

$$\eta = \frac{q_3}{q_1} = 1 - \frac{q_2}{q_1} = 1 - P \tag{21-2}$$

式中：P——透过率。

2. 分级除尘效率

除尘装置总除尘效率的高低，往往与粉尘粒径大小有很大关系。一般来讲，粉尘密度一定，尘粒越大除尘效率越高。因此，仅用总除尘效率来描述除尘器的捕集性能是不够的，应给出不同粒径粉尘的除尘效率才更为合理，即分级除尘效率，以 η_i 表示。分级效率指除尘装置对某一粒径 d_{pi} 或粒径间隔 Δd_p 内粉尘的除尘效率。

若设除尘器进口、出口和捕集的粒径为 d_{pi} 颗粒的质量流量分别为 q_{1i}、q_{2i} 和 q_{3i}，则该除尘器对 d_{pi} 颗粒的分级效率 η_i 为式(21-3)。对于分级效率，一个非常重要的值是 $\eta_i=50\%$，与此值对应的粒径称为除尘器的分割粒径，以 dc_{50} 来表示。

$$\eta_i=\frac{q_{3i}}{q_{1i}}=1-\frac{q_{2i}}{q_{1i}} \tag{21-3}$$

若分别测出除尘器进口、出口和捕集的粉尘粒径频率分别为 f_{1i}、f_{2i} 和 f_{3i}，根据质量频率定义和分级效率定义可以得到式(21-4)，则可采用式(21-5)中之一得到分级效率与总效率之间的关系，也可以通过三种方式求平均分级粒径：

$$q_{1i}=q_1 f_{1i}, q_{2i}=q_2 f_{2i}, q_{3i}=q_3 f_{3i} \tag{21-4}$$

$$\eta_i=\frac{q_3 f_{3i}}{q_1 f_{1i}}=\eta\frac{q_{3i}}{q_{1i}} \quad 或 \quad \eta_i=1-\frac{q_2 f_{2i}}{q_1 f_{1i}}=1-P\frac{q_{2i}}{q_{1i}} \quad 或 \quad \eta_i=\frac{\eta}{\eta+Pf_{2i}/f_{3i}} \tag{21-5}$$

实验中，采用标准采样管，在除尘器进、出采样口同步采样，通过称重，根据式(21-2)求出总除尘效率，再根据粉尘粒径分布测定，计算分级除尘效率。同时，根据仪器自带数据收集系统实测进出口浓度、烟气流量和总除尘效率，并与实测计算的数据进行比较。

三、实验仪器及试剂

1. 实验仪器

(1) 实验采用的板式高压静电除尘器工作原理，如图 21-1 所示，实验仪器如图 21-2 所示。

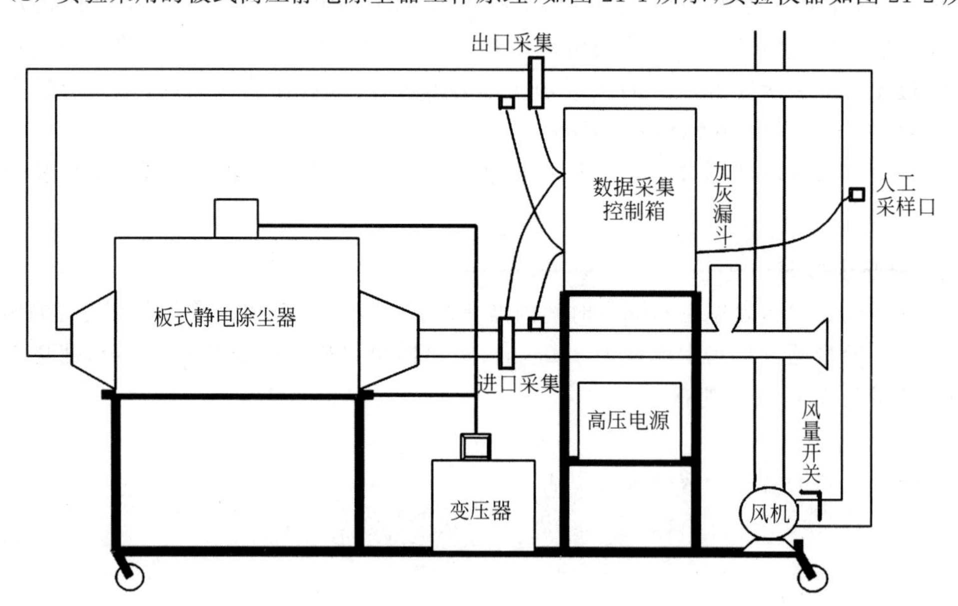

图 21-1 板式高压静电除尘器工作原理图

图 21-2 板式高压静电除尘器

(2) U 型测压计。

(3) 烟气流量与烟气含尘浓度测定需要的仪器设备。

(4) 库尔特粒度分析仪。

(5) 其他玻璃仪器：烧杯、分析天平、玻璃棒、药匙、刷子等。

2. 实验试剂

实验选用的粉尘主要有燃煤电场飞灰、各种粒径精制滑石粉。

四、操作步骤

(1) 记录环境温度、湿度和压力；记录电除尘器集尘极形状、面积。

(2) 首先检查设备系统外况和全部电气连接线有无异常(如管道设备无破损，卸灰装置是否安装紧固等)，一切正常后开始操作。

(3) 打开电控箱总开关，合上触电保护开关；启动数据采集系统；打开控制开关箱中的高压电源开关，电除尘器开始工作。

(4) 在风量调节阀关闭的状态下，启动电控箱面板上的主风机开关。

(5) 调节风量调节开关至所需的实验风量。

(6) 将一定量的粉尘加入自动发尘装置灰斗(粉尘称重)中，启动自动发尘装置电机，并调节转速控制加灰速率，保持发尘量一定。

(7) 可以通过自动数据采集器对除尘器进出口气流中的含尘浓度、含尘流量进行测定，5 min 中每隔 10 s 记录一次数据，计算 5 min 内平均含尘浓度、含尘流量。

(8) 作为对比，也可以在测定口测定烟气温度、湿度和压力，测定烟气流量；并在电除尘器进出口同时采样，测定烟气中含尘浓度；测定点出口压力差。

(9) 利用库尔特仪测定进出口采样口处粉尘样品的分散度，并将数据记录在表格中。

(10) 实验测定完成后，周期启动控制箱面板上振打电机开关后开始极板清灰。每周期清灰时间 3 min，停止 5 min。测定灰斗中粉尘分散度和粉尘质量。

(11) 调节风量开关，将烟气流量增加减小各自 10%后，重复实验步骤(6)～(10)。测定不同风量情况下分级除尘效率及总除尘效率的变化，并将数据记录在表格中。

(12) 实验全部结束后，依次关闭发尘装置、高压电源和主风机，然后启动振打电机进行清灰 5 min，待设备内粉尘沉降后，清理卸灰装置。

(13) 关闭数据采集系统和控制箱主电源。

(14) 检查设备状况,没有问题后离开。

五、实验记录和分析

实验时间:________;环境温度:________;环境湿度:________;环境压力:________;集尘极形状:________;集尘极面积:________;电压:________;粉尘种类:________

(1) 将实验数据记录在表 21-1～表 21-3 中。

进口粉尘称重:________ g;出口粉尘称重:________ g;收集粉尘称重:________ g

表 21-1 自动采集器中采集数据(风量调节 1)

时间	烟气流量/(m^3/s)	进样口粉尘浓度/(mg/m^3)	出样口粉尘浓度/(mg/m^3)	除尘效率/%
10 s				
20 s				
⋮				
5 min				
平均				

表 21-2 实验测定数据

烟气温度(℃):________;烟气湿度(g/kg):________

	烟气流量/(m^3/h)	进口粉尘浓度/(mg/m^3)	出口粉尘浓度/(mg/m^3)	除尘效率/%
风量调节 1				
风量调节 2				
风量调节 3				

表 21-3 风量调节 1 的情况下粉尘的质量频率分布

进口粉尘称重:________ g;出口粉尘称重:________ g;收集粉尘称重:________ g

粉尘种类	进样口/g	出样口/g	灰斗中/g	分级除尘效率/%
粉尘 1				
粉尘 2				
粉尘 3				
粉尘 4				

(2) 计算总除尘效率。

(3) 根据分级除尘效率与总除尘效率的关系,计算分级除尘效率。

(4) 分析不同风量与总除尘效率、分级除尘效率的关系。

六、注意事项

(1) 实验中安全第一,每次实验前首先确保除尘器外壳接地螺栓处于接地状态。

（2）不得无故拆卸、触摸高压电源部位若电力控制器报警，应立即关闭电源开关，检查电场内放电极是否短路，穿壁和拉线绝缘子部分是否有积灰，排除故障后，再试运行。

（3）必须熟悉仪器的使用方法。

（4）长期不使用时，应将装置内的灰尘清除干净，放在干燥、通风的地方。如果再次使用，要先将装置内的灰尘清除干净再使用，以保证实验前后实验结果的可比性。

七、思考题

（1）将根据实测计算的总除尘效率、分级除尘效率与数据自动采集系统测定的数据进行比较，分析存在误差的可能原因。

（2）实验中还有哪些需要改进的地方？

（3）静电除尘器的除尘原理是什么？适合处理什么性质的粉尘？

实验二十二　光催化流化床净化甲醛气体实验(8学时)

流化床是一种利用气体或液体通过颗粒状固体层使固体颗粒处于悬浮运动状态，并进行气固相反应过程或液固相反应过程的反应器。在用于气固系统时，又称沸腾床。根据流化床内颗粒和流体的运动状况不同可将流化床分为两种类型，即散式流化和聚式流化。聚式流化也称鼓泡流化，是床层中出现组成不同的两个相，即含固体颗粒甚少的不连续气泡相，以及含固体颗粒较多、分布较均匀的连续乳化相，乳化相内的液固运动状况和空隙率接近初始流化状态，称为聚式流化，具有以下特点：

(1) 床层中出现组成不同的两个相，即含固体颗粒甚少的不连续气泡相，以及含固体颗粒较多、分布较均匀的连续乳化相。

(2) 乳化相内的液固运动状况和空隙率接近初始流化状态。

(3) 通过床层的流体，一部分从乳化相的颗粒间通过，超过临界流速以上的流体则以气泡形式通过床层。

(4) 当增加气体流量时，通过乳化相的气体量不变，气泡数量相应增加。

(5) 气泡在分布板上形成，在上升过程中长大，小气泡会合并成大气泡，大气泡也会破裂成小气泡。

(6) 气泡上升至床层上界面时破裂，使床层上界面频繁地起伏波动，不像散式流化那样平稳，流体流过床层的压降波动也较大。

一、实验目的

(1) 了解流化床流化过程及颗粒流化机制。

(2) 掌握光催化氧化处理有机污染物气体的基本过程与原理。

(3) 了解超细颗粒团聚的基本原理，学会分析影响光催化氧化效率的主要因素。

二、实验原理

1. 超细颗粒团聚原理

在高速流场内，通过底部分布板孔射流，超细颗粒不仅具有很高的动量，颗粒间还会产生巨大的团聚力或团聚倾向，会形成较大的团聚体，进而实现聚团流态化。

2. 光催化原理

当阳光尤其是紫外光照射到纳米二氧化钛微粒上时，形成光生电子——空穴对。光生空穴有很强的获得电子能力，可夺取吸附于二氧化钛微粒表面的有机物或溶剂中的电子，使原本不吸收入射光的物质活化而被氧化；电子受体则通过接受纳米二氧化钛微粒表面的电子被还原，光催化反应就在纳米二氧化钛微粒表面进行。吸附于纳米二氧化钛微粒表面的水分子和 OH^- 被光生空穴氧化后，生成氧化能力和反应活性极强的羟基自由基(·OH)。羟基自由基是反应活性极强的氧化剂，对作用物没有选择性，但对有机污染物具有显著的链式反应作用。光催化原理如图 22-1 所示。

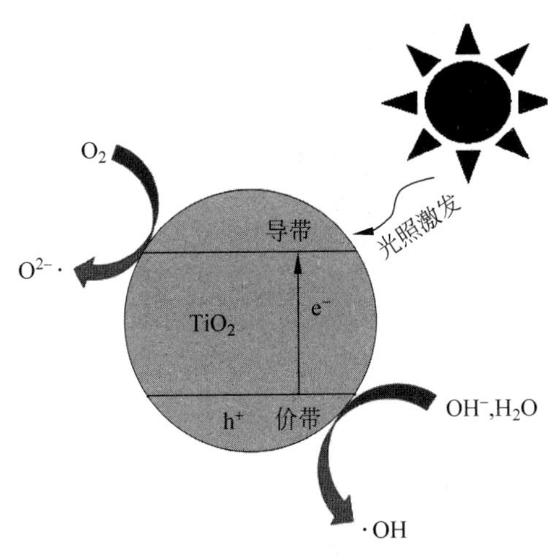

图 22-1 光催化原理

从光催化反应途径看，学者们认为羟基自由基导致有机物分解的途径主要有以下四点：

(1) 光解自由基反应。有机物分子自身吸收光子后产生能级跃迁，引发进一步的光化学反应。

(2) 引发剂光解引发自由基的反应。光照可以活化空气中的 O_2 和 H_2O 分子，进而产生氧化性能更强的活性组分，这些活性组分与有机物的反应可导致有机物被降解。

(3) 光催化氧化。主要是光激发活化催化剂，产生空穴和 · OH 自由基，从而进一步氧化有机物分子。

(4) 光催化还原。主要是光活化催化剂，在价带上产生电子，通过光生电子还原有机物。反应在空气介质中通常难以进行，需在反应体系中引入电子供体来捕获光生空穴，反应才能够进行。

本实验以纳米二氧化钛作为光催化剂，在自主设计的环隙流化床反应器内研究纳米二氧化钛对光催化降解甲醛的影响规律与动力学机制。

三、实验仪器及试剂

1. 实验仪器

气相色谱仪，自制的环隙流化床反应器(图 22-2)，气泵，压降数据采集器，颗粒速度测定仪，微量进样器。

PV6A 型颗粒速度测量仪(中国科学院过程工程研究所，北京)由光导纤维探头、光电转换及放大电路、信号预处理电路、高速 A/D 转换接口卡及应用软件 PV6A 组成。我们采用此装置对环隙流化床中的二氧化钛纳米颗粒的速度和浓度进行测量。光导纤维测试系统见图 22-3。

PV6A 型颗粒速度测量仪采用光导纤维作为测量探头，根据被测物料粒度不同，将两束 1～3 mm 直径的光导纤维按一定间距排列，将光源由光导纤维尾端引入光纤前端的测量区域，光纤端面处物料的反射光再由同束光纤传回到仪器内的光电检测器，转换成与物料浓度成比例的电压信号。当物料顺光纤束排列方向运动时，将产生两路波形相似，而在时间上有一定延迟的反射信号；对两路信号进行互相关运算，求出延迟时间 τ，即可由 $V=L/\tau$ 得出

图 22-2　实验装置

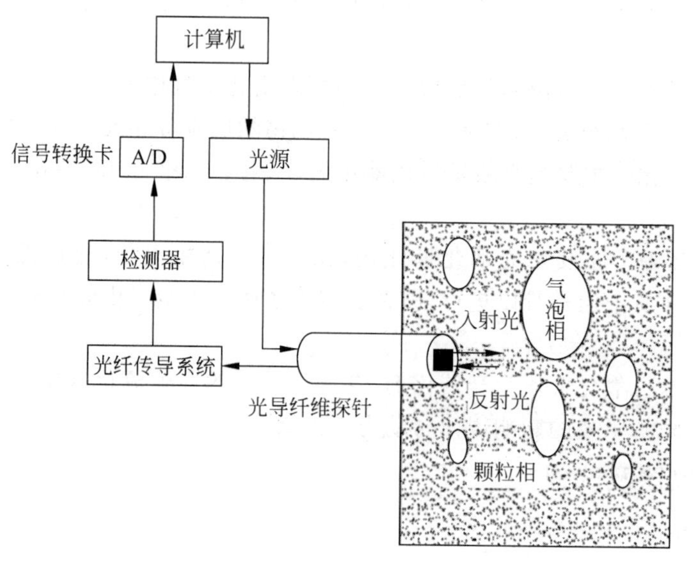

图 22-3　光导纤维测试系统

物料的运动速度。比较峰状曲线的峰底宽度为 T，则气泡或聚团颗粒的大小为 $L=VT$。该方法已被成功用来测定快速流化床的聚团尺寸和速度，以及鼓泡流化床中气泡的尺寸与速度。同时，也可由信号的电压平均值得出物料的相对浓度或床层空隙率。

2. 试剂

纳米二氧化钛(25 nm)100 g，固体甲醛 1 瓶。

四、实验样品预处理

取固体甲醛加入不锈钢瓶中，加热使其气化为气体，通过空气气流夹带进入流化床反应器内。床层填料：将 100 g 纳米二氧化钛颗粒填入床体，进行预流化，记录实现完全流化的操作气速。

五、实验步骤(含标准曲线的制作)

1. 空床运行实验

以空气为模拟气体进行流态化实验，调整操作气速，观察床层内纳米颗粒的流化状态和团聚形貌，记录实现完全流态化时的操作速度和压降，观察并记录不同床层位置的床层空隙率。

2. 光催化实验

以掺加不同数量甲醛组分的混合空气为模拟气体，重复上述流态化实验，调整不同操作气速，观察床层内颗粒的流化状态，记录聚团颗粒实现完全旋流时的操作速度，观察并记录不同床层位置的床层空隙率。同时每间隔 10 min 用微量注射器采集出口处气体 10 μL，用气相色谱仪测定光催化氧化效率。

3. 光催化动力学计算与分析

光催化降解反应用到的动力学模型有很多(表 22-1)，其中 Langmuir-Hinshelwood(L-H)模型得到了广泛的认同，其方程式表述为：

$$r=-\frac{\mathrm{d}C}{\mathrm{d}t}=k\,\frac{KC}{1+KC}$$

式中：r——光催化反应速率，mol/(L·s)；

C——气体污染物的浓度，mol/L；

K——吸附平衡常数，L/mol；

k——光催化一级反应速率常数，s^{-1}；

t——反应时间，s。

表 22-1　TiO_2 光催化动力学模型

反应物浓度	动力学方程式	反应级数
较低	$\ln(C_0/C)=-kKt+\text{cons}$	一级动力学方程式
较高	$C_0-C_t=2k't$	零级动力学方程式

注：C_t——t 时刻气体污染物的浓度，mol/L；

C_0——气体污染物的初始浓度，mol/L；

k'——光催化零级反应速率常数，mol/(L·s)；

cons——积分常数。

六、实验数据(含实验原始数据记录表)

除甲醛效率记录表见表 22-2。

表 22-2　甲醛去除效率实验记录表

实验编号	1	2	3	4	5	6	7
甲醛加入量(入口浓度)，C_0/(mg/L)							
操作气速，V/(m/s)							
床层压降，ΔP/Pa							
床层空隙率，ε/(—)							
出口处甲醛的浓度，C_t/(mg/L)							
光催化氧化效率，η/%							

七、实验结果

实验结果要求绘制以下曲线图,并对实验结果进行分析。

(1) 操作气速-压降曲线。

(2) 操作气速-床层空隙率曲线。

(3) 操作气速-光催化氧化效率曲线。

(4) 光催化动力学曲线。

八、注意事项

(1) 在测甲醛样的浓度时,注意采用外标法,注意峰面积与浓度的转换。

(2) 颗粒团聚光催化氧化可能会失活,会影响氧化处理效果,催化剂注意更新或再生。

(3) 注意操作气速的体积流量和线速度的换算关系。

九、思考题

(1) 超细颗粒团聚的作用是什么?

(2) 光催化、流态化与团聚的关系是什么?

(3) 影响光催化氧化甲醛的主要因素有哪些?

第四部分

综合设计实验

实验二十三　农家用小型沼气池设计实验(8学时)

现在生态环境问题日益突出，能源总量现状严峻，急需加强对太阳能、风能等可再生资源的研究与开发，以缓解现在的能源严峻现状。现阶段，农村地区拥有大量的秸秆等资源，但存在严重的资源无法利用问题，沼气池的建造有效解决了该问题。沼气也可成为农村普遍开发利用的优质再生资源。我国是沼气池建造最多的国家，沼气池的形式多样，我国绝大部分的沼气池类型为水压式沼气池，也有部分是红泥塑料半塑式或分离浮罩式沼气池。我国的农村沼气池建造技术考虑到了多个方面，例如利用农村取材便利等优势，相继开发出了四位一体、猪—沼—果以及五配套等多种模式。这些方式创建的沼气池，大大促进了农村资源的合理利用。

一、案例一(从能量角度设计沼气池)

(一) 设计参数的选择

(1) 沼气池每立方米日产气量 G，m^3；

(2) 日人均生活燃料耗气量 q，m^3；

(3) 沼气池设计储气量 $G_{储}$，m^3；其为日产气量的 1/2，$G_{储}=1/2G$；

(4) 小型沼气池设计沼气压力 P，N/m^2。

(二) 沼气池构造图

沼气池构造如图 23-1 所示。

(三) 设计过程

1. 池体积的设计

农户一户人家有 n 人，每天的总用气量为 nq，m^3；沼气池的产气率为 r_v，$m^3/(m^3\cdot d)$。假设用气量为沼气池设计日产气量，可根据式(23-1)，可求得沼气池的体积 V，m^3。

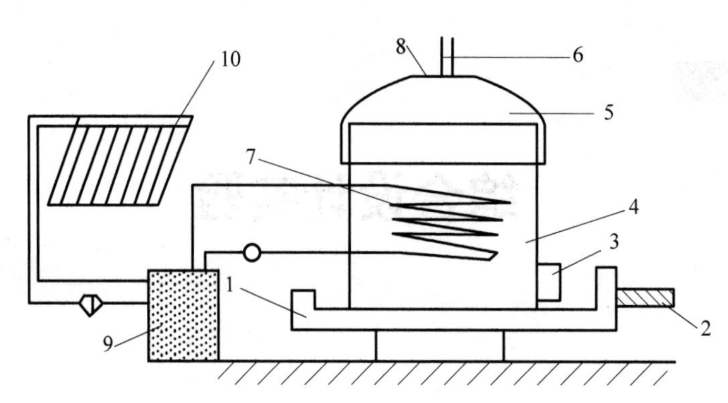

1—活动底盘；2—手柄；3—出料口；4—沼气池主体；5—沼气池上端盖部；
6—出气孔；7—换热器；8—进料口；9—储热水箱；10—真空管集热器。

图 23-1　沼气池的构造简图

$$G = nq = r_{\mathrm{v}}V \tag{23-1}$$

式中：G——每天的产气量，m^3。

2. 沼气池体的设计

由沼气池体积公式和面积公式联立可求得池高和池底直径的比例。

$$V = \frac{1}{4}\pi D^2 h, \quad S = \pi Dh + \frac{1}{2}\pi D^2 \tag{23-2}$$

式中：V——沼气池体积，m^3；

S——池内表面积，m^2；

h——池高，m；

D——池底直径，m。

当池高与池底直径比例为 1∶1 时，为最佳设计尺寸。

3. 沼气池的热负荷计算

沼气的热量平衡方程式为

$$Q = Q_{\mathrm{b}} + Q_{\mathrm{s}} + Q_{\mathrm{w}} + Q_{\mathrm{g}} \tag{23-3}$$

式中：Q——太阳能集热器吸收太阳能产生的热量，J；

Q_{b}——每天料液发酵自身产热量，J；

Q_{s}——池体每天向外界散热量，J；

Q_{w}——每天进料出料携带的总热量，J；

Q_{g}——沼气携带的热量，J。

池体热损失计算

$$Q_{\mathrm{s}} = (2\phi_{底} + \phi_{侧})T_{\mathrm{s}} \tag{23-4}$$

式中：$\phi_{底}$——池体底面每小时散热量(即热流量)，W；

$\phi_{侧}$——池体侧面每小时散热量(即热流量)，W；

T_{s}——1 天内的总时间，h。

$$\phi_{底} = KA(t_1 - t_0) \tag{23-5}$$

式中：K——多层板总导热系数，$W/(m^2 \cdot K)$；

A——多层板的传热面积，m^2；

$t_1 - t_0$——进出多层板的温度差，K。

多层板的总导热系数 K 可通过式(23-6)计算

$$K = 1\Big/\left(\frac{1}{K_1} + \frac{\delta_1}{\lambda_1} + \frac{\delta_2}{\lambda_2} + \frac{1}{K_2}\right) \tag{23-6}$$

式中：K_1, K_2——分别为多层板平板层板面材料和保温层材料的导热系数，$W/(m^2 \cdot K)$；

δ_1, δ_2——分别为多层板平板层板面材料和保温层材料的厚度，m；

λ_1, λ_2——分别为多层板平板层板面材料和保温层材料的热阻系数，$m \cdot K/W$。

带入式(23-5)和式(23-6)可分别求得多层板的总导热系数和池体底面每小时散热量。

沼气池体侧面热量损失计算

$$\phi_{侧} = 2r_0(t_1 - t_0)\Big/\left(\frac{1}{2\pi h_1 r_0} + \frac{1}{2\pi\beta_1}\ln\frac{r_1}{r_0} + \frac{1}{2\pi\beta_2}\ln\frac{r_2}{r_1} + \frac{1}{2\pi h_2 r_2}\right) \tag{23-7}$$

式中：r_0、r_1 和 r_2——分别为沼气池的内径、外径和保温层外壁的半径，m；

h_1, h_2——分别为池壁材料和保温层材料的导热系数，$W/(m^2 \cdot K)$；

β_1, β_2——分别为池壁材料和保温层材料的热阻系数，$m \cdot K/W$。

池体每天向外界散热量可由式(23-4)求得。

4. 进出料升温所需热量计算

$$Q_w = cm\Delta t \tag{23-8}$$

式中：c——物料的比热容，$J/(kg \cdot K)$；

m——每天进料出料质量，kg；

Δt——进入物料与系统的温度差，K。

沼气池的热负荷由式(23-3)求得。

5. 太阳能加热系统设计

太阳能集热器每天提供给系统的热量为

$$Q' = 1.02Q \tag{23-9}$$

太阳能集热器面积为

$$S_1 = Q'/(\eta R_\alpha) \tag{23-10}$$

式中：Q'——太阳能集热器每天提供给系统的热量，J；

S_1——太阳能集热器的换热面积，m^2；

η——太阳能集热器的换热效率，%；

R_α——沼气池所在区域单位面积日辐射量，J。

6. 储热水箱的设计

储热水箱的体积为

$$V' = Q'/(c\rho\Delta t_m) \tag{23-11}$$

式中：V'——储热水箱的体积，m^3；

ρ——物料的密度，kg/m^3；

Δt_m——储热水箱整个传热面上的对数平均温差，K，可由式(23-12)求得。

$$\Delta t_m = (t_4 - t_2) - (t_3 - t_2)/\ln \frac{t_4 - t_2}{t_3 - t_2} \tag{23-12}$$

式中：t_2——储热水箱内水的温度，K；

t_3——储热水箱内进水温度，K；

t_4——储热水箱内出水温度，K。

7. 换热器的计算

换热器的换热面积为

$$S_2 = (Q_1 - Q_2)/K'\Delta t'_m \tag{23-13}$$

加入料液后 1 h，系统达到恒温状态，则有

$$Q_1 = \frac{Q_w}{24} Q_2 = Q_s \tag{23-14}$$

换热器的长度为

$$L = \frac{1.2S_2}{\pi d_n} \tag{23-15}$$

式中：S_2——换热器的换热面积，m^2；

Q_1，Q_2——分别为散出、吸收的热量，J；

K'——换热器的导热系数，$W/(m^2 \cdot K)$；

$\Delta t'_m$——进入物料与系统的温度差，K；

L——换热器的长度，m；

d_n——换热器的直径，m。

二、案例二（从产气量角度设计沼气池）

（一）设计参数

（1）气压 P，Pa。

（2）池容产气率 k_3：池容产气率指每立方米发酵池 24 h 的产气量，我国常采用的池产气率包括 0.15、0.2、0.25 和 0.3 几种。

（3）最大储气量 $V_{储}$，m^3。

（4）假设该户有 n 口人，m 头猪，y 亩耕地，每人每年排放粪便 100 kg，排放尿液 210 kg，人粪的总固体含量 18%～20%；每头猪每年排放猪粪 1650 kg，排尿量 5000 kg，猪粪的总固体含量 18%～20%；一亩耕地每年平均生产干秸秆 500 kg，秸秆总固体含量 80%～90%。

为使沼气发酵过程中有一个较高的产气量，发酵原料必须配成碳氮比略小于 25∶1 的混合发酵原料。

（二）工艺流程

自然温度连续投料发酵工艺：在自然温度下，定时定量投料和出料，能维持比较稳定的发酵条件，使沼气微生物（菌群积累）稳定生长，保持逐步完善的原料消化速度，提高原料利用率和沼气池负荷能力，达到较高的产气率。

（三）沼气池设计原理

（1）沼气池装料（包括料液）的最高位置只能在沼气池处于初始工作状态时的液面高度，此时的液面为 O-O 液位，如图 23-2 所示。在 O-O 液位时，发酵间上部仍有部分气箱可以储存沼气，但是这部分沼气由于无法被压出，因此无法被利用，又被称为死气。死气所占据的空间称作无效气箱或死气箱。

（2）进料间（也称水压间）内的料液液面在 O-O 位置，即初始工作状态时，其液面处于最低位置，不可能再继续下降。因此，在水压间中如果存在低于 O-O 位置的料液，这部分料液没有势能，不具有压出气箱内沼气的作用，是死液。死液所占据的那部分水压间被称为无效水压间。

（四）设计图纸

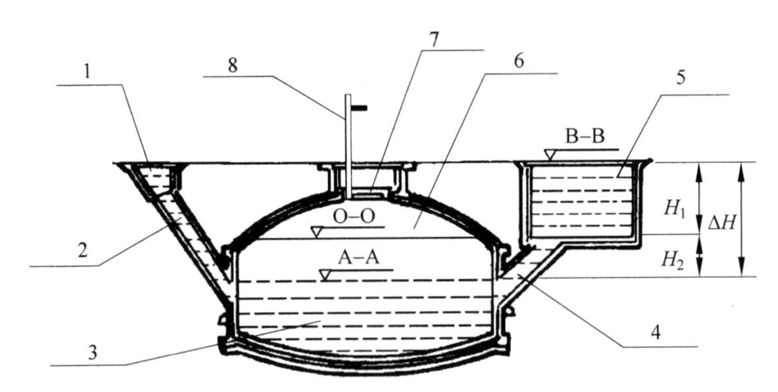

1—进料口；2—进料管；3—发酵间；4—出料管；5—进料间（水压间）；6—储气部分；7—活动盖；8—导气管；
H_1 为水压间的高度；H_2 为水压间内的料液液面在 O-O 位置到池内水面 A-A 位置的距离；
ΔH 为池内水面 A-A 位置到地水平面 B-B 位置的距离。

图 23-2　沼气池设计图

（五）设计过程

1. 发酵原料配比计算

每天人类产尿粪量 $X_1=310n/365$ kg

每天猪的产尿粪量 $X_2=6650m/365$ kg

假设每天投料中需配稻草秸秆为 X_3 kg，查阅相关资料可得厌氧发酵原料碳氮比如下。

人尿粪：$C_1=2.5\%$，$N_1=0.85\%$

猪尿粪：$C_2=7.8\%$，$N_2=0.6\%$

秸秆：$C_3=42\%$，$N_3=0.63\%$

为使发酵过程中产生较多沼气，必须配成碳氮比略小 25∶1 的混合发酵原料，即

$$K=C/N=25/1$$

$$K=(C_1X_1+C_2X_2+C_3X_3)/(N_1X_1+N_2X_2+N_3X_3) \tag{23-16}$$

2. 发酵料液的计算

1）发酵料液体积的计算

$$V_1=[k_1(n_1+n_2)+n_3]T \tag{23-17}$$

式中：V_1——发酵料液体积，m^3；

n_1——每日人类产尿粪总量，$(0.0013\sim0.006)n$，m^3；

n_2——每日牲畜产尿粪总量，$(0.006\sim0.015)m$，m^3；

n_3——每日舍外能定量收集尿粪总量，m^3；

k_1——收集系数，取值范围为 0.5～1.0；

T——原料滞留期，d，取 35 d。

2）气室容积的计算

$$V_2=0.5k_3V_1 \tag{23-18}$$

式中：V_2——气室容积，m^3；

k_3——原料产气率，一般取值为 0.2，为常温下产气率。

3）发酵间的设计

发酵间的容积

$$V=(V_1+V_2)k_2 \tag{23-19}$$

式中：V——发酵间的容积，m^3；

k_2——容积保护系数，取值范围为 0.9～1.05。

4）发酵间各部分尺寸确定

（1）沼气池圆柱体形池身直径

（2）发酵间池盖削球体矢高和净容积

① 池盖削球体矢高

$$f_1=D/\alpha_1 \tag{23-20}$$

式中：f_1——池盖削球体矢高，m；

D——圆柱体形池身直径，m；

α_1——直径与池体矢高的比值，取值范围为 5～6。

② 池盖削球体净容积

$$Q_1=\frac{\pi}{6}f_1(3R^2+f_1^2) \tag{23-21}$$

式中：Q_1——池盖削球体净容积，m^3；

R——圆柱体形池身半径，m。

（3）发酵间池底削球体矢高和净容积

① 池底削球体矢高

$$f_2=\frac{D}{\alpha_2} \tag{23-22}$$

式中：f_2——池底削球体矢高，m；

α_2——直径与池底矢高的比值，取值范围为 8～10。

② 池底削球体净容积

$$Q_3=\frac{\pi}{6}f_2(3R^2+f_2^2) \tag{23-23}$$

式中：Q_3——发酵间池底削球体净容积，m^3。

(4) 发酵间池身圆柱体容积和高度

① 发酵间池身圆柱体容积

$$Q_2=V-Q_1-Q_3 \tag{23-24}$$

② 发酵间池身圆柱体高度

$$H=Q_2/(\pi R^2) \tag{23-25}$$

(5) 发酵间内总面积

$$S=S_1+S_2+S_3 \tag{23-26}$$

式中：S——发酵间内总表面积，m^2；

S_1——池盖削球体内表面积，m^2；

S_2——池身圆柱体内表面积，m^2；

S_3——池底削球体内表面积，m^2。

① 池盖削球体内表面积

$$S_1=\pi(R^2+f_1^2) \tag{23-27}$$

② 池身圆柱体内表面积

$$S_2=2\pi RH \tag{23-28}$$

③ 池底削球体内表面积

$$S_3=\pi(R^2+f_2^2) \tag{23-29}$$

3. 进料口(管)的设计

进料口(管)由上部长方形槽和下部圆管组成，其中上部长方形槽几何尺寸是长×宽×深；下部圆管采用预制混凝土管或塑料管，管与池墙角为40°～45°。

1) 死气箱拱的矢高

$$f_{死}=h_1+h_2+h_3 \tag{23-30}$$

式中：$f_{死}$——死气箱拱的矢高，m；

h_1——池底拱顶点到活动盖下缘平面的距离，m；

h_2——导气管下露出长度，m；

h_3——导气管下口到液面距离，m。

2) 死气箱容积

$$V_{死}=\pi f_{死}^2\left(\rho_1-\frac{f_{死}}{3}\right) \tag{23-31}$$

式中：$V_{死}$——死气箱容积，m^3；

ρ_1——池盖曲率半径，m。

3) 投料率

根据死气箱的容积，可计算出沼气池投料率 Φ，即

$$\Phi=\frac{V-V_{死}}{V}\times100\% \tag{23-32}$$

4）最大储气量

$$V_{储}=0.5\times V\times\delta \tag{23-33}$$

式中：$V_{储}$——最大储气量，m^3；

δ——池容产气率。

5）气箱总容积

$$V_{气}=V_{死}+V_{储} \tag{23-34}$$

6）发酵间最低液面位

气箱在圆柱体形池身部分的容积

$$V_{筒}=V_{气}-Q_1 \tag{23-35}$$

圆柱体形池身内气箱部分的高度为

$$h_{筒}=V_{筒}/(\pi R^2) \tag{23-36}$$

最低液面位在池盖与池身交接平面以下 $h_{筒}$ 的位置上，这个位置也就是进出料管的安装位置。

4. 水压间(管)的设计

$$H_{水压间}=h_{筒}+f_{死}+H-0.8 \tag{23-37}$$

式中：$H_{水压间}$——水压间的高度，m；

$f_{死}$——死气箱矢高，m。

水压间有效容积为

$$V_{有}=0.5V\delta\Phi \tag{23-38}$$

$$H_{水压间}=V_{有}/(\pi R^2_{水压间}) \tag{23-39}$$

式中：$V_{有}$——水压间的有效容积，m^3；

$R_{水压间}$——圆柱状水压间的半径，m。

实验二十四　家庭装修新风系统主体流化床的设计(8 学时)

在流体作用下呈现流(态)化的固体粒子层称为流化床。随流体速度(流速)U 的不同，床层可具有不同的流化特性(图 24-1)。如流速 U 过低，则床层固定不动，流体仅从颗粒间空隙流过，压降 Δp 随流速 U 而增加。如流速增大到使压降和单位横截面上的床层重量相等，固体颗粒便开始浮动，床层呈现流动性，这种状态称为最小流化或起始流化。这时按空床横截面计算的流速称为起始流化速度或最小流化速度 U_{mf}。流速再增大，床层将随流速的增大而继续膨胀，出现压降稳定、流动性能良好的稳定操作区，称为正常流化。如流速继续增大，则床层湍动加剧，床面渐难辨认。当流速达到它对单个固体颗粒的曳力同颗粒的浮重相等时，颗粒便开始被气流带出。这时的空床流速称为终端速度或带出速度 U_t。U_{mf} 和 U_t 值决定于颗粒和流体的性质，它们是一般鼓泡流化床操作的上、下限。

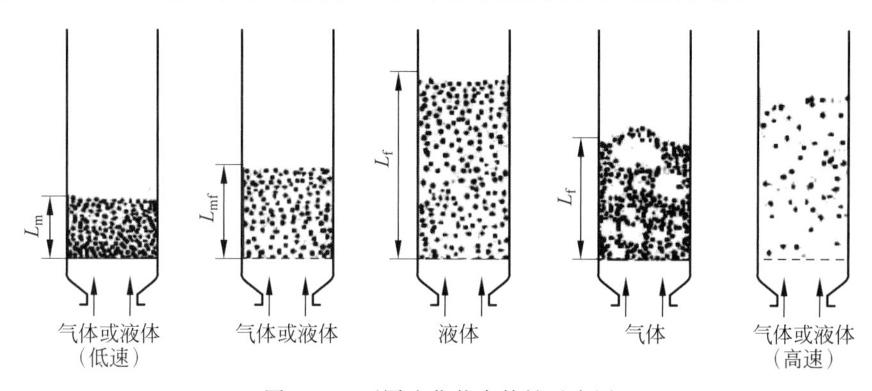

图 24-1　不同流化状态特性示意图

L_m 为固定床床层高度；L_{mf} 为临界流化阶段的床层高度；L_f 为流化或鼓泡阶段的床层高度。

流化技术的主要优点是：①便于连续处理大量固体粒子，实现连续生产和生产过程的自动化；②便于控制温度并使温度分布均匀；③传热效率高，适于强放热(或暖热)过程；④由于粒子细，流体和固体间接触面积大，因此反应速率快。其缺点是：①返混较剧烈，使反应后的物料与新进料相混，从而降低反应速率和影响反应的选择性；②反应器内难以保持适合某些反应所需的温度梯度；③固体颗粒的磨损和带出较严重，需要细粉回收设备。

本设计为一种新风系统，要求以流化床为主体设计，选用有机玻璃圆柱形流化床。主要考虑流化床高度、直径和分布板等几个关键参数。

一、流化床的直径与高度的确定

1. 直径的确定

对于工业反应，尤其是催化反应的流化装置，首先要用实验来确定主要反应的本征速率，然后才可选择反应器，结合传递效应建立数学模型。在生产规模确定后，通过物料衡算求出床层的气体的体积流量 Q。按反应要求的温度与压力和气、固物性，确定流体速度 U，进而求出反应器直径 D_T。

$$Q=\frac{1}{4}\pi D_{\mathrm{T}}^{2}U\times 3600\times\frac{273}{T}\times\frac{P}{1.033} \tag{24-1}$$

式中：Q——气体的体积流量，$\mathrm{Nm^3/h}$；

D_{T}——流化床的直径，m；

T,P——分别为反应时的绝对温度(K)和绝对压力(Pa)；

U——流体速度，m/s。

2. 高度的确定

流化床高 H 包括临界流化床高 H_{mf}、流化床高 H_{f}、稳定段高度 H_{D} 与输送分离高度(transport disengaging height，TDH)，分述如下。

(1) 临界流化床高 H_{mf}(也指静止床高 H_0)。对于一定的床径和操作气速，为满足空间速度和反应接触时间的需要，要有一定的静止床高。对于固相加工过程，可根据产量要求算出固体颗粒的进料量 W_{s}(kg/h)，然后根据要求的接触时间 t(h)，求出固体物料在反应器内的装载量 M(kg)，继而求出临界流化床时的床高 H_{mf}。

$$M=W_{\mathrm{s}}t \tag{24-2}$$

$$t=\frac{\frac{1}{4}\pi D_{\mathrm{T}}^{2}H_{\mathrm{mf}}\rho_{\mathrm{mf}}}{W_{\mathrm{s}}}=\frac{\frac{1}{4}\pi D_{\mathrm{T}}^{2}H_{\mathrm{mf}}\rho_{\mathrm{s}}(1-\varepsilon_{\mathrm{mf}})}{W_{\mathrm{s}}} \tag{24-3}$$

$$H_{\mathrm{mf}}=\frac{4W_{\mathrm{s}}t}{\pi D_{\mathrm{T}}^{2}\rho_{\mathrm{s}}(1-\varepsilon_{\mathrm{mf}})} \tag{24-4}$$

式中：ρ_{mf}——临界流化时固体物料的密度，$\mathrm{kg/m^3}$；

ρ_{s}——固体物料的密度，$\mathrm{kg/m^3}$；

$\varepsilon_{\mathrm{mf}}$——临界流化时床层的空隙率。

(2) 流化床高(H_{f})可根据膨胀比 R 求出。

$$R=\frac{1-\varepsilon_{\mathrm{mf}}}{1-\varepsilon} \tag{24-5}$$

式中：ε——静态时床层的空隙率。

$$H_{\mathrm{f}}=RH_{\mathrm{mf}} \tag{24-6}$$

(3) 稳定段高度 H_{D}。由于气固系统的不稳定性，床面具有一定的起伏。为使床层稳定操作，在设计中一般应考虑在膨胀床面之上增加一段高度，使之能够适应床面的起伏，这一段高度称为稳定段高度。稳定段高度的选取主要取决于床层的稳定性和容让性(即操作中液相床层的高度变化范围)。

(4) 输送分离高度(又称为稀相扩大段高度)。由于气-固聚式流化的不稳定性，气泡在床面崩裂将床中的一部分粒子抛出床面，同时气体通过床层将那些沉降速度低于操作气速的细粒子夹带出床层。为了减少夹带出的固体量，设计中应考虑在床面以上有一个足够高度，使由床层中被抛射出去的粒子能够沉降回来。被夹带的固体粒子浓度随着床面以上距离的增加而下降，当达到某一高度后，能够被分离下来的粒子都能沉降下来，只有速度小于操作气速的那些粒子一直被带上去，故在此高度以上，粒子的含量便为恒定，这一高度称为分离高度。

Horio 提出了输送分离高度(TDH)的经验计算公式:

$$\frac{\mathrm{TDH}}{D_{\mathrm{T}}}=(2.7D_{\mathrm{T}}^{-0.36}-0.7)\exp(0.74UD_{\mathrm{T}}^{-0.23}) \tag{24-7}$$

$H=(H_{\mathrm{mf}}+H_{\mathrm{f}}+H_{\mathrm{D}}+\mathrm{TDH})$,设计选用装置的高度 H 大于 TDH。

二、分布板的设计

气体分布板是流化装置的基本部件之一。许多研究者指出分布板附近区域对于化学反应与热、质传递有着重要作用。成功的分布板设计须满足以下要求:

(1) 有助于产生均匀而平稳的流化状态。

(2) 必须使流化床有良好的起始流化状态,保证分布板附近有良好的气-固解除条件。

(3) 应能阻止正常操作时的物料漏出、小孔堵塞与磨损。

按多孔板计算,具体过程如下。

(1) 均匀布气:分布板的阻力等于 100 倍的气体阻力 P_{E},才能达到均匀布气。

(2) 稳定压降计算:稳定压降应 ΔP_{D} 不小于流化床层压降 ΔP_{B} 的 10%,并且在任何情况下,其最小值约为 3500 Pa。经验式为

$$\Delta P_{\mathrm{D}}=\mathrm{MAX}(0.1\Delta P_{\mathrm{B}},3500,100P_{\mathrm{E}}) \tag{24-8}$$

床层压降的估算用床层截面粒子的质量 W 除以床层截面积 A_{T} 可得。

$$\Delta P_{\mathrm{B}}=W/A_{\mathrm{T}} \tag{24-9}$$

根据时钧等主编的《化学工程手册》(第二版)可知

$$\Delta P_{\mathrm{D}}=C_{\mathrm{D}}\frac{U^2\rho_{\mathrm{f}}}{2\alpha^2 g} \tag{24-10}$$

式中:ΔP_{D}——分布板压降,Pa;

α——分布板开孔率;

g——重力加速度,9.8 $\mathrm{m/s^2}$;

ρ_{f}——流体密度,$\mathrm{kg/m^3}$。

C_{D}——阻力系数,其值为 1.5~2.5,对于锥帽侧缝分布板,$C_{\mathrm{D}}=2$。

(3) 分布板设计:考虑压降的影响,已知流体密度、压降、流体速度和多孔板的阻力系数等,根据式(24-10),计算得分布板开孔率 α。

(4) 确定分布板的孔数和孔间距:参考时钧等主编的《化学工程手册》(第二版),取小孔直径 d_{or} 为一定值,则

$$S=0.952\times d_{\mathrm{or}}/\sqrt{\alpha} \tag{24-11}$$

$$I=S-d_{\mathrm{or}} \tag{24-12}$$

$$N_{\mathrm{or}}=\left[(0.952-\sqrt{\alpha})\frac{D_{\mathrm{T}}}{I}\right]^2 \tag{24-13}$$

式中:S——分布板的孔间距,m;

I——孔间有效距离,m;

N_{or}——开孔数。

(5) 计算气体流出分布板小孔的速度 U_{or}:气体流出分布板的速度过高,易造成分布板及粒子的磨损,过低则易造成分布板附近形成死区与分布板漏料。气体流出小孔速度的选

取与床层物料性质和粒径大小有关，一般取 30～50 m/s。对于直流式分布板(出分布板的气流方向正对床层)，为了预防小孔堵塞，分布板小孔的气速必须大于最大粒子的噎塞速度 $U_{噎}$(m/s)，$U_{噎}$ 可由式(24-14)计算：

$$U_{噎}=565\frac{\rho_s}{\rho_s+1000}(d_{P_{max}})^{0.6} \tag{24-14}$$

式中：$d_{P_{max}}$——颗粒最大粒径，m。

气体流出分布板小孔的速度为

$$U_{or}=U/\alpha \tag{24-15}$$

当 $U_{or}>U_{噎}$ 时，则小孔气速符合要求。

三、流量参数设计

1. 颗粒的自由沉降速度 U_t

当置于流体中的颗粒与流体间存在相对运动时，颗粒与流体之间将产生相互作用力。如果把颗粒视为静止的，那么就流体而言，它受到颗粒的阻力；就颗粒而言，它受到流体的曳力。如果把流体视为静止的，那么也可以反过来说。曳力与阻力的大小相等，方向相反，是一个事物的两个方面。无论颗粒在静止流体中以一定速度运动，还是流体以一定速度流过静止颗粒，或者两者都在运动，都是流体与固体壁面之间的相对运动，其阻力性质相同。

考察一个乃至几个在流体中由静止状态开始自由沉降的光滑球体颗粒，如果颗粒密度大于流体密度，则颗粒所受向下的重力 F_g 大于向上的浮力 F_b，两者之差使颗粒加速降落。随着颗粒降落速度的增加，流体对颗粒的向上曳力 F_d 不断增大，当 $F_g=F_b+F_d$ 时，颗粒呈等速降落。此时颗粒相对于流体的运动速度 U_t，称为颗粒的自由沉降速度。自由沉降速度是加速段终了时颗粒相对于流体的速度，也称为终端沉降速度或终端速度。据此可推导出球体颗粒的终端速度。

$$由\ F_g=F_b+F_d \tag{24-16}$$

则有

$$\frac{\pi}{6}d^3\rho_P g=\frac{\pi}{6}d^3\rho_f g+C_D\frac{\pi d^2}{4}\frac{\rho_f U_t^2}{2} \tag{24-17}$$

整理可得

$$U_t=\sqrt{\frac{4}{3}\frac{gd(\rho_P-\rho_f)}{C_D\rho_f}} \tag{24-18}$$

式中：U_t——颗粒的终端速度，m/s；

C_D——曳力系数；

d——颗粒直径，m；

ρ_P——颗粒密度，kg/m^3；

ρ_f——流体密度，kg/m^3。

2. 最小流化速度 U_{mf}

固体流化是一种流体向上流过固体颗粒堆积的床层使固体颗粒具有一般流体性质的现象。当流体流量很小时，固体颗粒不因流体的经过而移动。这种状态称为固定床。在固定床的操作范围内，由于颗粒之间没有相对的运动，床层中流体所占的体积分率即床层孔孔隙率 ε 是不变的。但随着流体流速的增加，流体通过固定床层的阻力将不断增加。固定床中流体流速和压差关系可用经典的 Ergun 公式(Ergun，1949)来表达：

$$\frac{\Delta p}{H}=150\frac{(1-\varepsilon)^2}{\varepsilon^3}\frac{\mu_f U}{d_v^2}+1.75\frac{1-\varepsilon}{\varepsilon^3}\frac{\mu_f U^2}{d_v} \tag{24-19}$$

式中：Δp——具有 H 高度的床层上下两端的压降，Pa；

μ_f——流体黏度，Pa·s；

d_v——单一粒径颗粒等体积当量直径，m；对非均匀粒径颗粒可用 $\bar{d}_p$，即等比表面积平均当量直径来替代。

继续增加流体速度将导致床层压降不断增大，直到床层压降等于单位床层截面积上颗粒的重量。此时如果不是人为地限制颗粒流动(如在床层上面压上筛网)，那么由于流体流动带给颗粒的曳力平衡颗粒的重力，颗粒被悬浮，此时颗粒进入流化状态，此时的流体速度称为起始流化速度或最小流化速度。此后，如果继续增加流体流速，床层压降将不再变化，但颗粒间的距离会逐渐增加以减小由于增加流体流量而增大的流动阻力。颗粒间距离的增加使得颗粒可以相对运动，并使床层具备一些类似流体的性质：比如较轻的大物体可以悬浮在床层表面；将容器倾斜以后，床层表面自动保持水平；在容器的底部侧面开个小孔，颗粒将自动流出。这种使固体具备流体性质的现象被称为固体流化，简称流化。相应的颗粒床层称为流化床。

如上所述，通过固定床的流体，其压降随着流体流速的增加而增大。流体压降与流速之间的关系近似于线性关系。但是随着流体速度 U 的不断增大，当 U 增大到某一临界值以后，压降 Δp 与流体速度 U 之间不再呈线性关系，而是大到某一最大值 Δp_{max} 之后，略有降低，然后趋于某一定值，即床层静压。此时床层处于由固定床向流化床转变的临界状态，对应的流体速度为最小流化速度 U_{mf}。

对临界流化现象最基本的理论解释应该是：当向上运动的流体对固体颗粒所产生的曳力(W_b)等于颗粒重力时，床层开始流化。如果不考虑流体和颗粒与床壁之间的摩擦力，则根据静力分析，床层压降(Δp)与床层截面积(A_C)的乘积全部转化为流体对颗粒的曳力(W_b)，即

$$\Delta p A_C = W_b \tag{24-20}$$

若雷诺数(Re)较低，Ergun 公式中黏度损失项(第一部分)占主导，动能损失项(第二部分)可以忽略；若雷诺数较高，黏度损失项可以忽略，仅需考虑动能损失项。在特别低和特别高雷诺数情况下最小流化速度计算的简化方程如下。

$$U_{mf}=\frac{d_P^2(\rho_P-\rho_f)g}{1650\mu_f}\quad (Re_P<20) \tag{24-21}$$

$$U_{mf}^2=\frac{d_P(\rho_P-\rho_f)g}{24.5\rho_f}\quad (Re_P>1000) \tag{24-22}$$

以上的几个求取最小流化速度的公式都是基于连用固定床与流化床的压降关系式，可以算是半经验公式。还有一些纯经验公式，如 Leva M 的经验式。

$$U_{mf}=\frac{0.009\,23 d_P^{1.82}(\rho_P-\rho_f)^{0.94}}{\mu_f^{0.88}\rho_f^{0.06}} \tag{24-23}$$

式中：d_P——流化颗粒粒径，m。

3. 最小鼓泡速度 U_{mb}

对于细颗粒物料的气固流化，当气速超过最小流化速度后，通常存在一散式膨胀区，即床层空隙率与流速之间遵守幂函数的规律。当气速进一步增加，床层即可出现气泡，此时床层高度下降，最初出现气泡的速度叫最小鼓泡速度，按下列经验式计算（Abrahamsen and Geldart，1980）：

$$U_{mb} = 2.07\exp(0.716F_f)\frac{d_P\rho_f^{0.06}}{\mu_f^{0.347}} \tag{24-24}$$

式中：F_f——直径小于 45 μm 的细颗粒质量分数。

4. 流量选择

按照气体表观气速的判据（$\mathrm{Max}(U_{mb}, U_{mf}) < U < U_t$）判断合适的气速，根据式（24-1）求得相应的风量 Q。再根据 Q，我们确定合适的风机及其参数。例如型号为 LSR—WD65 的罗茨风机，该风机的相关技术参数：转速 1450 r/min，升压 39.2 kPa，进口流量 127.2 m^3/h，轴功率 2.41 kW，配套电机型号 Y100L2—4，输出功率 3 kW。

实验二十五 铸造企业制芯车间尾气收集集气罩的设计与实验(6学时)

集气罩在废气治理工程系统中处于前沿阵地，它主要借助于风机在罩口造成一定的吸气速度而有效地将生产过程中产生的废气和有害气体吸走，经过处理达到收尘净化的目的。要合理、经济地解决废气治理问题，正确地设计集气罩也是至关重要的。

一、设计原则

根据产生废气源的设备、工作环境的要求不同，集气罩的形式可以是多种多样的，但无论是哪种形式的集气罩在设计时都应该遵循“通、近、顺、封、便”的原则。其中，“通”就是废气能畅通地被吸走。通常物料从高处落地时，会向四面散发，此时，废气的散发速度称为飞扬速度。物料落点处的废气飞扬速度最大。随着废气散发距离的增加，达到一定距离后，其散发速度为零。当废气散发速度较大时，不容易被捕集。而散发速度达到零时，废气易被捕集。速度达到零点的那一点称为控制点。

在实际工作中，为有效捕集废气，应根据废气源周围空气运动的速度、废气的有害程度，使集气罩在该处造成一个吸收速度(控制风速)。要在废气源点造成一定的控制风速，必须有相应的罩口风速(罩口面风速)。对一定形式的集气罩，风量越大，罩口风速越大，控制风速也越大，废气就容易被捕集。

“近”是指集气罩要尽量靠近废气源。“顺”是指在生产中，必须在顺着废气飞溅的方向设置罩口正面对着含尘气流的集气罩，使集气罩充分利用含尘气流的动能，以提高捕集效果。“封”就是在不影响操作和生产的前提下，集气罩应尽可能将废气源包围起来，这样有利于用较少的抽风量达到收尘效果。“便”就是集气罩的结构设计应便于操作，便于检修。

“通、近、顺、封、便”这五个方面是一个整体，不可分割，但也常常发生矛盾，尤其是“近、顺、封”与“便”更是常发生矛盾。当集气罩和废气源设置太近时，操作往往不方便。因此，设计过程也是正确处理这些矛盾的过程。

二、VOCs 废气集气罩的风量设计

1. 密闭罩及通风柜风量计算

密闭罩及通风柜的风量 $L(m^3/h)$按式(25-1)计算

$$L = 3600VF\beta \tag{25-1}$$

式中：V——进口平均风速，m/s。可取 0.4～0.6 m/s，根据内部有害物质的危险性调节，越危险风速越高；

F——热源水平投影面积，m^2；

β——安全系数，一般取 1.05～1.1。

2. 外部吸罩风量计算

外部吸罩一般分为顶吸罩、侧吸罩、底吸罩。外部吸罩的控制点为距离罩口最远处的散逸点，控制点风速取 0.3～0.5 m/s。

顶吸罩宜与有害物散发源形状相似，并完全覆盖散发源。顶吸罩应设裙边，当边长较长时，可分段设置。顶吸罩的风量按式(25-2)计算

$$L_1 = 3600VF \tag{25-2}$$

式中：L_1——顶吸罩的计算风量，m^3/h。

参数取值与计算方法见表 25-1。

表 25-1 顶吸罩设计参数取值与计算方法

顶吸罩敞开情况	V 取值/(m/s)	罩口形状	面积 F 计算方法
一边敞开	0.5～0.7	矩形顶吸罩	$F=AB, A=a+0.4h$ $B=b+0.4h$
两边敞开	0.75～0.9	圆形顶吸罩	$F=\pi D^2/4$ $D=d+0.4h$
三边敞开	0.9～1.05		
四边敞开	1.05～1.25		

注：h——罩口与有害物面的高度，m；
A，B——分别为矩形罩热源水平投影长和宽，m；
a，b——分别为有害物散发矩形平面长和宽，m；
D——圆形罩罩口直径，m；
d——圆形罩热源水平投影直径，m。

根据控制风速，我们就可以按照气流运动规律推出需要多大的排气量 L 才可以在控制点形成控制风速。

对于无边的圆形或矩形(长宽比大于或等于 0.2)吸气口

$$V/V_x = (10x^2 + F)/F \tag{25-3}$$

对于有边的圆形或矩形(长宽比大于或等于 0.2)吸气口

$$V/V_x = 0.75 \times (10x^2 + F)/F \tag{25-4}$$

式中：V_x——控制点的吸入流速，m/s；

x——控制点到吸气口的距离，m。

对于前面无障碍四周无边或有边的圆(矩)形吸气口的排风量 L_2(m^3/h)可按式(25-5)、式(25-6)计算：

四周无边

$$L_2 = V_0F = (10x^2 + F)V_x \tag{25-5}$$

四周有边

$$L_2 = V_0F = 0.75 \times (10x^2 + F)V_x \tag{25-6}$$

污染气流的运动是产生过程本身造成的，接受式排风罩(接受罩)只起接受作用，所以它的排风量取决于接受的空气量的大小。

生产过程诱导的污染气流主要是指热射流和粒状物料高速运动时所诱导的空气量。由于后者的影响较为复杂，通常按经验公式确定。这里仅给出热源上部接受罩的计算方法。

从理论上说，只要接受罩的排风量等于罩口断面上热射流的流量，接受罩的断面尺寸等于罩口断面上热射流的尺寸，污染气流就能全部排除。实际上由于横向气流的影响，热射流会发生偏转，可能溢入室内。接受罩的安装高度 H 越大，横向气流的影响越严重。因此，生产实践中采用的接受罩，罩口尺寸和排风量都必须适当加大。

根据安装高度 H 的不同，热源上部的接受罩可分为两类，$H<1.5\sqrt{F}$ 的称为低悬罩，$H>1.5\sqrt{F}$ 的称为高悬罩。

接受罩罩口尺寸按式(25-7)～式(25-9)确定：

低悬罩

$$圆形\ D=d+0.5H \tag{25-7}$$

$$矩形\ A_1=A+0.5H \tag{25-8}$$

$$B_1=B+0.5H \tag{25-9}$$

式中：D——圆形罩罩口直径，m；

A_1,B_1——分别为矩形罩罩口长和宽，m；

d——圆形罩热源水平投影直径，m；

A,B——分别为矩形罩热源水平投影长和宽，m。

高悬罩

$$D=D_Z+0.8H \tag{25-10}$$

式中：D_Z——罩口处热射流直径，m。

低悬罩排风量 $L_{低}$(m^3/s)按式(25-11)计算：

$$L_{低}=L_0+v'F' \tag{25-11}$$

式中：L_0——热源上部射流起始流量，m^3/s；

F'——罩口扩大的面积，即罩口面积减去热射流的断面积，m^2；

v'——扩大面积上的吸气速度，一般为 0.5～0.75 m/s。

高悬罩排风量 $L_{高}$(m^3/s)按式(25-12)计算：

$$L_{高}=L_Z+v'F' \tag{25-12}$$

式中：L_Z——罩口面积上热射流流量，m^3/s。

由于高悬罩易受横向气流影响，需要的排风量大，生产上应尽量避免使用。

三、注意事项

(1) 集气罩应尽可能将污染源包围起来，或靠近污染源，将污染物的扩散控制在最小的范围内，防止或减少横向气流的干扰，以便在获得足够的吸气速度下，减少排气量。

(2) 集气罩的吸气方向应尽可能与污染气流的运动方向一致，以充分利用污染气流的动能。

(3) 在保证控制污染的条件下，尽量减少集气罩的开口面积或加法兰边，使其排气量最小。

(4) 侧吸罩或伞形罩应设在污染物散发的轴心线上。罩口面积与集气管断面积之比最大为16∶1;喇叭罩长度宜取集气管直径的3倍,以保证罩口均匀吸风。如达不到均匀吸风时可多设几个吸气口,或在集气罩内设分隔板、挡板等。

(5) 不允许集气罩的吸气流经过人的呼吸区再进入罩内。气流流程内不应有障碍物。

(6) 集气罩的设计不应该妨碍工人操作和设备检修。

实验二十六　饲料加工厂锅炉烟气喷淋脱硫塔的设计实验(8学时)

一、设计初始条件

(1) 锅炉类型：煤粉炉。

(2) 标干烟气量 Q_0，Nm^3/h。

(3) 进气温度 T，℃(K)。

(4) SO_2 初始浓度 C_{SO_2}，mg/Nm^3。

(5) SO_2 排放浓度 C_e，mg/m^3(日均)。

(6) 脱硫率 η，%。

(7) 液气比 L/G，m^3/L。

二、设计思路

吸收剂为石灰石粉与水制成的脱硫泥浆。

脱硫塔的结构设计，包括下部储浆池、烟气入口、喷淋层、烟气出口、喷淋层间距、喷淋层与除雾器和脱硫塔入口的距离、喷嘴特性(角度、流量、粒径分布等)、喷嘴数量和喷嘴方位的设计。

为提高传质效率，该脱硫塔吸收 SO_2 采用逆流方式。在喷淋塔中，SO_2 和空气混合后，经由喷淋塔的下侧进入喷淋塔中，与从喷淋塔顶流下的清水逆流接触，在石灰石浆液的作用下吸收。经吸收后的混合气体由塔顶排出，吸收了 SO_2 的浆液顺着塔壁进入储浆池中，锅炉烟气喷淋脱硫塔装置如图 26-1 所示。

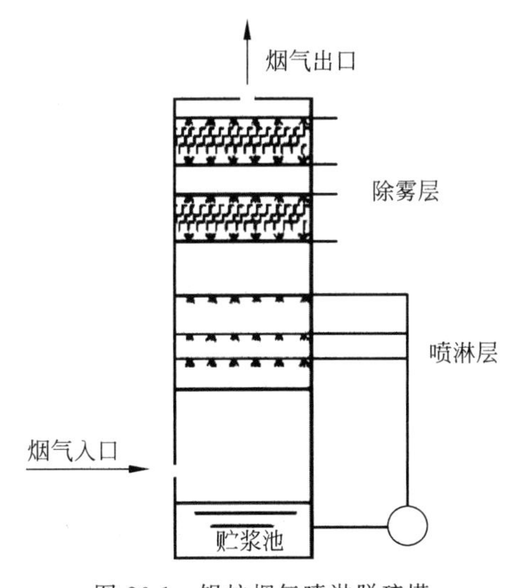

图 26-1　锅炉烟气喷淋脱硫塔

三、设计内容

1. 处理烟气量

需要进行标况的换算，根据理想气体状态方程

$$PV=nRT \quad (P、n、R\text{ 都为定值}) \tag{26-1}$$

式中：P——气体的压强，Pa；

V——气体体积，m^3；

R——摩尔气体常数，J/(mol·K)；

n——气体的物质的量，mol；

T——气体的温度，K。

在恒压条件下，则实际处理烟气量 Q(m^3/h)

$$Q=\frac{Q_0\times 273}{T+273} \tag{26-2}$$

2. 烟气道的设计

进气烟道中的气速一般为 U_1(m/s)，排烟道中的气速一般为 U_2(m/s)，由此算出截面积，进口烟气道设计为矩形，出口烟气道设计为圆筒形，粗略认为进口和出口的流量一样。

进口烟气道的截面积 A_1(m^2)

$$A_1=\frac{Q}{3600U_1} \tag{26-3}$$

方形进口管道尽量采用较大的长宽比，一般为 1.5～2。

出口烟气道的截面积 A_2(m^2)

$$A_2=\frac{Q}{3600U_2} \tag{26-4}$$

圆形出口烟气道直径 $D_4=2\left(\frac{A_2}{\pi}\right)^{0.5}$，m。

3. 脱硫塔的设计计算

脱硫塔包括喷淋除雾区和循环氧化区。

(1) 喷淋除雾区直径设计：首先设定喷淋除雾区烟气流速 v(m/s)，然后计算喷淋除雾区直径。

喷淋除雾区烟气流速一般在 3～3.5 m/s。

则喷淋除雾区的直径 D_1(m)：

$$D_1=2\times\sqrt{\frac{Q}{3600v\pi}} \tag{26-5}$$

(2) 喷淋除雾区高度

喷淋除雾区总高度 H(m)：

$$H=h_1+(n-1)h_2+h_3+h_4+h_5+h_6+h_7 \tag{26-6}$$

式中：h_1——第一层喷淋层中心到脱硫塔进气口顶面距离，m；

h_2——每一层喷淋层的中心高度，m；

n——喷淋层数量；

h_3——最上层喷淋层中心到除雾器第一层冲洗层中心高度，m；

h_4——除雾器第一层冲洗层到最上层除雾板顶面高度，m，根据除雾器确定；

h_5——除雾器最上层除雾板顶面到喷淋除雾区直筒段顶端高度，m；

h_6——喷淋除雾区收口段高度，m；

h_7——脱硫塔出口烟道衔接直筒段高度，一般等于直筒段直径 $D_3=(D_4+0.2)$m。

(3) 循环氧化区(储浆池)有效容积设计：主要由循环浆液在该区的停留时间所确定，首先必须确定脱硫浆液循环总量 $G_{浆}$(m^3/h)

$$G_{浆}=Q\times L/G\div 1000 \tag{26-7}$$

式中：L/G——液气比，L/m^3。

循环氧化区有效容积 $V_{循}$(m^3)

$$V_{循}=G_{浆}\div 60\times T_{停} \tag{26-8}$$

式中：$T_{停}$——循环浆液在该区的停留时间，min；石膏颗粒在循环浆池中足够长的停留时间对于晶体化和晶体的生长是非常有必要的，一般设计不小于 2.5 min，浆液浓度维持在 20%～25%(质量分数)。

得出循环氧化区有效容积 $V_{循}$ 后，需确定循环氧化区直径 D_2 和高度 H_2。一般情况下，循环氧化区直径 D_2 略大于喷淋除雾区直径 D_1，取 $D_2=D_1+2$。取定循环氧化区直径 D_2 后可计算出循环氧化区有效高度 H_2(m)

$$H_2=\frac{V_{循}}{\pi\left(\frac{D_2}{2}\right)^2} \tag{26-9}$$

循环氧化区总高度 H_3(m)

$$H_3=H_2+h_8+h_9 \tag{26-10}$$

式中：h_8——循环氧化区有效高度(循环液液面)到脱硫塔进气口底面距离，m；

h_9——脱硫塔进气口底面到进气口顶面距离，即进气口烟道的宽，m。

4. 浆液循环泵(卧式单吸离心泵)选型

单台循环泵流量 $G_{泵}$(m^3/h)

$$G_{泵}=\frac{Q\times L/G}{1000n} \tag{26-11}$$

单台循环泵扬程 $H_{泵}$(m)

$$H_{泵}=H_{喷淋层}+H_{喷嘴} \tag{26-12}$$

式中：$H_{喷淋层}$——喷淋层的层高度，m；

$H_{喷嘴}$——每一层喷淋层喷嘴出口压力，采用通用的大流量碳化硅蜗口型喷嘴，出口压力为 0.1 MPa，相当于 10 m 扬程。

5. 脱硫塔氧化区搅拌和氧化系统

脱硫塔储浆池装有多台侧入式搅拌机。氧化风机将氧化空气鼓入储浆池。氧化空气分布系统采用喷管式，氧化空气被分布管注入搅拌机的压力侧，被搅拌机产生的压力和剪切力分散为细小的气泡并均布于浆液中。一部分 HSO_3^- 在吸收塔喷淋区被烟气中的氧气氧化，其余部分的 HSO_3^- 在反应池中被氧化空气完全氧化。降低 $CaSO_3$ 浓度，减少 $CaSO_3\cdot\frac{1}{2}H_2O$

反应的发生，可缓解系统管道结构，同时也增加了石膏 $CaSO_4 \cdot 2H_2O$ 结晶沉凝析出，提高了石膏品质。

6. 氧化区氧化风机（罗茨风机）选型

根据经验，当烟气中含氧量为6%以上时，在脱硫塔喷淋区的氧化率为50%～60%。采用氧枪式氧化分布技术，在浆池中氧化空气利用率 $\eta_{O_2}=25\%\sim30\%$，脱硫塔氧化区浆池内所需的理论氧气量方程式为

$$2SO_2+O_2 = 2SO_3$$

根据氧化反应原理，可得 SO_2 氧化进度和氧化空气流量计算如式(26-12)，(26-13)：

$$M_{SO_2}=\frac{10^{-4}\times Q_{gas}\times C_{SO_2}\times\eta}{0.21\times\beta} \tag{26-13}$$

$$Q_{O_2}=\frac{0.5\times22.4\times M_{SO_2}\times(1-\alpha)}{21\%\times\beta} \tag{26-14}$$

式中：Q_{O_2}——氧化空气量，Nm^3/h；

M_{SO_2}——SO_2 氧化进度，kmol/h；

0.5——氧化反应中比例常数；

22.4——标态气体体积，$m^3/kmol$；

Q_{gas}——烟气量，Nm^3/h；

C_{SO_2}——烟气中 SO_2 浓度，mg/Nm^3；

η——SO_2 脱除效率，%；

α——SO_2 自然氧化率，一般取0.1～0.2；

β——强制氧化率，一般设计为0.3～0.4；

21%——空气中的氧气份额。

7. 喷淋层设计

每层喷淋层外部浆液循环管采用环形布置，材质为钢衬塑。内部喷淋管采用不锈钢316L材质。喷淋系统采用单元制设计，每层喷淋层配一台与之相连接的浆液循环泵。每座脱硫塔配多台浆液循环泵。

喷嘴采用碳化硅蜗口型大流量喷嘴，喷淋角度90°。喷嘴为环绕塔内部环形布置，保证浆液的重叠覆盖率达到200%～300%。每层喷淋层相对交错15°，保证完全覆盖。

喷淋覆盖率是指喷淋层覆盖的重叠度，它由喷淋覆盖高度、喷淋角度来确定。覆盖高度是指液膜离开喷嘴后至破碎前的垂直高度，一般根据喷嘴特性及喷淋层之间距离来确定。

喷淋覆盖率 θ(%)的计算公式如式(26-15)：

$$\theta=\frac{mA_0}{A}\times100\% \tag{26-15}$$

式中：m——单层喷嘴数量；

A_0——单个喷嘴的覆盖面积，m^2；

A——脱硫塔喷淋区的截面积，m^2。

喷淋层进浆支管管径的大小由喷嘴接口大小确定，进浆主管管径 D(m)由式(26-16)计算：

$$D = 2 \times \sqrt{\frac{Q_{浆}}{2 \times 3600 \times v_1 \times 3.14}} \tag{26-16}$$

式中：$Q_{浆}$——每层喷淋层浆液流量，m^3/h；

v_1——进浆主管进料流速，m/s。

四、设计结果

应用案例：锅炉尾气喷淋脱硫塔的相关设计参数与设计结果见表 26-1。

表 26-1 锅炉尾气喷淋脱硫塔的设计结果

设计参数		
设计参数	标干烟气量 Q_0：150 000 Nm^3/h	
	进气温度 T：140 ℃	
	SO_2 初始浓度 C_{SO_2}：5000 mg/Nm^3	
	脱硫率 η：99.8%	
	液气比 L/G：4 L/m^3	
设计项目	**项目名称/单位**	**设计与计算数据**
进出口烟气管道	实际处理烟气量 $Q/(m^3/h)$	99 153
	进口烟气道截面积 A_1/m^2	2.16(1.8×1.2)
	出口烟气管道直径 D_4/m	1.78
喷淋除雾区	烟气流速 $v/(m/s)$	3.5
	直径 D_1/m	3.4
	总高度 H/m	13.115
	出气管直筒段直径 D_3/m	1.98
循环氧化区(储浆池)	脱硫浆液循环总量 $G_{浆}/(m^3/h)$	396.6
	有效容积 $V_{循}/m^3$	26.4
	直径 D_2/m(略大于喷淋除雾区直径 D_1，取 $D_2=D_1+2$)	5.4
	总高度 H_3/m	3.44
浆液循环泵(卧式单吸离心泵)选型	单台循环泵流量 $G_{泵}/(m^3/h)$	132.2
	单台循环泵扬程 $H_{泵}/m$	15.1
脱硫塔氧化区搅拌和氧化系统	脱硫塔储浆池装有多台侧入式搅拌机，氧化风机将氧化空气鼓入储浆池	
氧化区氧化风机(罗茨风机)选型	脱硫塔氧化区浆池内所需的理论氧气量 $Q_{O_2}/(Nm^3/h)$	9102.2
喷淋层	单层喷嘴数量 m	6
	单个喷嘴的覆盖面积 A_0/m^2	1
	喷淋覆盖率 θ/%	235.5
	进浆主管管径 D/m	0.19
	进浆主管进料流速 $v_1/(m/s)$	2

实验二十七　大型热电锅炉尾气喷淋脱硫塔的设计实验(8学时)

硫污染主要来自化学燃料的燃烧、矿物燃烧、含硫矿石冶炼和硫酸、磷肥生产等。废水中主要的硫污染物是硫酸盐和硫化氢。大气中的硫酸盐主要以固态颗粒物形式存在,随雨水降落到地面,形成硫污染。

脱硫塔的设计应考虑处理的烟气量、气速、碱与硫的反应比例、降温、碱液以及吸收塔、烟道、烟囱、脱硫泵、增压风机等设备的因素。

设计时需兼顾的问题:①对设备的腐蚀,应选择耐腐蚀材料制造;②有悬浮固体和残渣的物料,或易结垢的物料,宜用板式塔中大孔径筛板塔、十字架型浮阀和泡罩塔等。填料塔会产生阻塞,设计时应考虑清理问题。

脱硫塔由圆形塔体、塔内对传质起关键作用的填料、喷淋、捕雾等组成。

1. 设计参数

(1) 烟气量 Q,m^3/h。

(2) 入口烟气中 SO_2 的含量 C_0,mg/m^3。

(3) 排放烟气中 SO_2 的含量 C_e,mg/m^3。

(4) 脱硫率 η,%。

(5) 液气比 L/G,L/m^3。

(6) 烟气流速 U,m/s。

(7) 塔内操作温度 T,℃。

(8) 钙硫比,一般取值为1.01～1.02。

2. 设计思路

吸收剂为石灰石粉与水制成的脱硫泥浆。

脱硫塔的结构设计,包括下部储浆池、烟气入口、喷淋层、烟气出口、喷淋层间距、喷淋层与除雾器和脱硫塔入口的距离、喷嘴特性(角度、流量、粒径分布等)、喷嘴数量和喷嘴方位的设计。

为提高传质效率,该脱硫塔吸收 SO_2 采用逆流方式。在喷淋塔中,SO_2 和空气混合后,经由喷淋塔的下侧进入喷淋塔中,与从喷淋塔顶流下的清水逆流接触,在石灰石浆液的作用下进行吸收。经吸收后的混合气体由塔顶排出,吸收了 SO_2 的浆液顺着塔壁进入储浆池中。

一、喷淋塔的设计

喷淋塔的总高度 H 由四部分组成,即喷淋塔吸收高度 h_1、喷淋塔浆液池高度 h_2、喷淋塔除雾器高度 h_3 和喷淋塔烟气进口高度 h_4。

1. 喷淋塔吸收区高度 h_1 的设计

本设计中的液气比 L/G(L/m^3)是吸收剂脱硫泥浆循环量与烟气流量之比值。如果增大液气比 L/G，则推动力增大，传质单元数减少，气液传质面积就增大，从而使得体积吸收系数增大，塔高可以降低。在一定的吸收高度内液气比 L/G 增大，则脱硫率增大。但是，液气比 L/G 增大，脱硫泥浆液停留时间减少，而且循环泵液循环量增大，塔内的气体流动阻力增大使得风机的功率增大，运行成本增大。在实际设计中应该尽量使液气比 L/G 减小到合适的数值，同时又保证了脱硫率满足运行工况的要求。

湿法脱硫工艺的液气比的选择是关键的因素，对于喷淋塔，液气比范围在 8～25 L/m^3。

烟气速度是设计时需要考虑的又一因素。烟气速度增大，气液两相截面湍流加强，气体膜厚度减小，传质速率系数增大，烟气速度增大会减缓液滴下降的速度，使得有效传质面积增大，从而降低塔高。但是，烟气速度增大，烟气停留时间缩短，会要求增大塔高，使得其对塔高的降低作用削弱。因而选择合适的烟气速度是很重要的，典型的烟气脱硫装置的液气比在脱硫率固定的前提下，逆流式吸收塔的烟气速度一般在 2.5～5 m/s。

湿法脱硫反应是在气液固三相中进行的，反应条件比较理想，在脱硫率为 90%以上时(本设计脱硫率 η 为 95%)，钙硫比(Ca/S)一般略大于 1，最佳状态为 1.01～1.02，因此本设计方案选择的钙硫比(Ca/S)为 1.02。

喷淋塔内总的 SO_2 吸收量除以吸收容积，得到单位时间单位体积内的 SO_2 吸收量

$$\zeta=\frac{Q_{SO_2}}{V}=K_0\frac{C\eta}{h_1} \tag{27-1}$$

式中：C——标准状态下进口烟气质量浓度，g/m^3；

V——烟气的吸收容积，m^3；

Q_{SO_2}——喷淋塔内 SO_2 的吸收量，kg/s；

ζ——容积吸收率，kg/(m^3·s)；

η——脱硫率，%；

h_1——吸收塔内吸收区高度，m；

K_0——常数，其数值取决于烟气流速 U(m^3/h)和操作温度 T(℃)，$K_0=3600U\times273/(273+T)$。

根据实践经验，容积吸收率 ζ 范围为 5.5～6.5 kg/(m^3·s)，则可求得 h_1。

2. 喷淋塔浆液池高度 h_2 的设计

浆液池容量 V_1 按照液气比 L/G 和浆液停留时间 t_1 来确定，计算公式如下：

$$V_1=\frac{L/G\times V_N\times t_1\times60}{1000} \tag{27-2}$$

式中：V_1——浆液池体积，m^3；

L/G——液气比，L/m^3；

V_N——烟气标准状态湿态容积，m^3/s；

t_1——浆液停留时间，min；一般为 2～6 min。

选取浆液池内径等于吸收区内径，则

$$V_1=3.14\times\left(\frac{D}{2}\right)^2\times h_2 \tag{27-3}$$

式中：D——吸收区内径，m。

可求得 h_2。

3. 喷淋塔除雾器高度 h_3 的设计

吸收塔均应装备除雾器，在正常运行状态下除雾器出口烟气中的雾滴浓度应该不大于75 mg/m^3。除雾器一般设置在吸收塔顶部（低流速烟气垂直布置）或出口烟道（高流速烟气水平布置），通常为二级除雾器。湿法烟气脱硫除雾器主要有折流板除雾器和旋流板除雾器两种。其中，折流板除雾器是利用液滴与某种固体表面相撞击而将液滴凝聚并捕集的，气体通过曲折的挡板和流线多次偏转，液滴由于惯性而撞击在挡板上被捕集下来，湿法烟气脱硫多采用折流板除雾器，其主要指标设计如下：

(1) 冲洗覆盖率：冲洗覆盖率是指冲洗水对除雾器断面的覆盖程度。冲洗覆盖率一般为100%～300%。

$$\text{冲洗覆盖率}=\frac{n^{\pi}h_5^2\tan^2\alpha}{A}\times 100\% \tag{27-4}$$

式中：n——喷嘴数量；

α——喷射扩散角，(°)。

A——除雾器有效流通面积，m^2；

h_5——冲洗喷嘴距除雾器表面的垂直距离，与喷淋塔除雾器高度 h_3 近似，m。

(2) 除雾器冲洗周期：冲洗周期是指除雾器每次冲洗的时间间隔。由于除雾器冲洗期间会导致烟气带水量加大，所以冲洗不宜过于频繁，但也不能间隔太长，否则易产生结垢现象，除雾器的冲洗周期主要根据烟气特征及吸收剂确定。

(3) 烟气流速：通过除雾器断面的烟气流速过高或过低都不利于除雾器的正常运行，烟气流速过高易造成烟气二次带水，从而降低除雾效率，同时流速高系统阻力大，能耗高。设计烟气流速应接近于临界流速。根据不同除雾器叶片结构及布置形式，选择除雾器烟气流速。

(4) 折流板除雾器中两板之间的距离为20～30 mm，对于垂直安置，气体平均流速为2～3 m/s；对于水平放置，气体流速一般为6～10 m/s。而对于旋流板除雾器，气流在穿过除雾器板片间隙时变成旋转气流，其中的液滴在惯性作用下以一定的仰角射出作螺旋运动而被甩向外侧，汇集流到溢流槽内，达到除雾的目的，除雾率可达90%～99%。

喷淋塔除雾区分成两段，每层喷淋塔除雾器上下各设有冲洗喷嘴。最下层冲洗喷嘴距最上层喷淋层3～3.5 m，距离最上层冲洗喷嘴3.4～3.5 m。

4. 喷淋塔烟气进口高度设计 h_4

根据工艺要求，进出口流速确定进出口面积，一般希望进气在塔内能够分布均匀，故高度尺寸取得较小，但宽度不宜过大，否则影响稳定性。

依据式(27-5)可求得喷淋塔烟气进口高度 h(m)。

$$Q=h^2\times U_1 \tag{27-5}$$

式中：Q——烟气流量，m^3/s；

U_1——设计进口流速，m/s。

在实际工程中，喷淋塔烟气进出口高度 h_4 是喷淋塔烟气进口高度 h 和净化烟气出口烟道高度(一般取值为 h)之和。

5. 喷淋塔总高 H

综上所述,喷淋塔的总高 H 为喷淋塔吸收区高度(h_1)、喷淋塔的浆液池高度(h_2)、喷淋塔的除雾区高度(h_3)和喷淋塔烟气进口高度($h_4=2h$)之和。

6. 喷淋塔直径的设计

(1) 吸收塔进口烟气量 Q

吸收塔进口烟气量 Q 计算数值实质上仅仅指烟气在喷淋塔进口处的体积流量,而在喷淋塔内延期温度会随着停留时间的增加而降低,根据理想气体状态方程,要算出瞬间数值是不可能的,所以只有喷淋塔内平均温度下的烟气平均体积流量。

(2) 蒸发水分流量 V_2

烟气在喷淋塔内被浆液直接淋洗,温度降低,吸收液蒸发,烟气流速迅速达到饱和状态,烟气水分增加 7%,则增加水分的体积流量为

$$V_2 = 0.07Q \tag{27-6}$$

(3) 氧化空气剩余氮气量 V_3

在喷淋塔内部浆液池中鼓入空气,使得亚硫酸钙氧化成硫酸钙,这部分空气对于喷淋塔内气体流速的影响是不能够忽略的,因此应该将这部分空气计算在内。假设空气通过氧化风机进入喷淋塔后,当中的氧气完全用于氧化亚硫酸钙,即最终这部分空气仅仅剩下氮气、惰性气体组分和水汽。理论上氧化 1 mol 亚硫酸钙需要 0.5 mol 的氧气(假设空气中每千克含有 0.23 kg 的氧气),即 SO_2 体积流量 $V_{SO_2}=0.023\ m^3/s$。

SO_2 质量流量 G_{SO_2}(kg/s)

$$G_{SO_2} = V_{SO_2} \times 1000/22.4 \times 64 \tag{27-7}$$

根据物料守恒,总共需要的氧气质量流量 G_{O_2}(kg/s)

$$G_{O_2} = 0.5G_{SO_2} \tag{27-8}$$

该质量流量的氧气总共需要的空气流量 G_{air}(kg/s)

$$G_{air} = G_{O_2}/0.23$$

标准状况下的空气密度为 1.293 kg/m^3,则空气体积流量 V_{air}(m^3/s)

$$V_{Air} = G_{air}/1.293 \tag{27-9}$$

$$V_3 = (1-0.23) \times V_{air} \tag{27-10}$$

喷淋塔实际运行条件下塔内气体流量 V_g(m^3/s)

$$V_g = Q + V_2 + V_3$$

(4) 喷淋塔直径 D

假设喷淋塔截面为圆形,将上述的因素考虑进去后,根据实际运行状态下烟气体积流量 V_g 和烟气流速 U,可求得喷淋塔直径 D(m)。

$$D = 2 \times \sqrt{\frac{V_g}{\pi U}}$$

二、烟气道的设计

设进气烟道气速 v_1(m/s),排气烟道气速 v_2(m/s)。

则进气烟道截面积 A_1(m^2)

$$A_1 = Q/v_1$$

排气烟道截面积 A_2(m^2)

$$A_2 = (V_g - V_{SO_2})/v_2$$

则可求得进气烟气道直径 D_1(m)和排气烟气道直径 D_2(m)。

三、喷淋塔喷淋系统的设计

在满足吸收 SO_2 所需表面积的同时,应该尽量把喷淋造成的压力损失降低到最小,喷嘴是净化装置的最关键部分,必须满足以下条件:

(1) 能产生实心锥体形状,喷射区为圆形,喷射角度为 60°~120°;

(2) 喷嘴内液体流道大而通畅,具有防止堵塞的功能;

(3) 采用特殊的合金材料制作,具有良好的防腐性能和耐磨性能;

(4) 喷嘴体积小,安装清洗方便;

(5) 喷雾液滴大小均匀,比表面积大而又不容易引起带水;

雾化喷嘴的功能是将大量的脱硫泥浆液转化为能够提供足够接触面积的雾化小液滴以有效脱出烟气中 SO_2。

四、吸收塔材料的选择

因为脱硫塔承受压力不大,而且 16MnR 钢材综合力学性能、焊接性能以及低温韧性、冷冲压以及切削性能比较好,低温冲击韧性也比较优越,价格低廉,应用比较广泛。故塔壁面由 16MnR 钢材制造,为了节约材料和防止腐蚀,内衬橡胶板防腐层,其烟气入口部分内衬玻璃鳞片加耐酸瓷砖。

五、吸收塔配套结构的设计选择

进料浆液管道和配套阀门的设计选择:设计时要考虑到石灰石浆液对管道系统的腐蚀与磨损,一般应该选用衬胶管道或者玻璃钢管道。管道内介质流速的选择既要考虑到应该避免浆液沉淀,同时又要考虑到管道的磨损和压降减小到最小。所以浆液管道上阀门应该选用蝶阀,尽量少采用调节阀门,且阀门的流通直径与管道直径一致。

实验二十八　液膜耦合旋流除尘器的设计实验(12学时)

随着我国经济的不断发展，城市化进程的不断加快，一些城市的空气质量有逐渐恶化的趋势。近几年我国多个城市出现以细颗粒物为特征污染物的雾霾天气，对公众健康造成了较大的威胁。雾霾天气的主要原因还是企业排放的烟气没能达到较好的除尘效果，使烟气中的一些细颗粒物悬浮于大气环境中而形成污染源，所以对烟气选取合适的处理技术就显得尤为重要。传统对于微尘的处理方式，需要添加预处理阶段使得细微颗粒通过物理与化学手段成为较大颗粒，然后加以捕集，这样做成本费用高，运行费用大。故从经济和技术角度考虑，选取一体化处理的除尘器就显得尤为合理。现阶段对于细微颗粒的处理技术发展比较迅速，主要采用三种除尘方式：电袋复合式除尘器、湿式电除尘器和旋流雾化水膜除尘器。这些设备各有优点和缺点，同时也不同程度存在成本费用高、技术不成熟等现象，如表28-1所示。针对该种问题，本设计提出了有实际可行性的解决方案，进行有关设备的设计，利用液膜和旋流相互耦合作用，除去一些难于有效去除的微尘。

表 28-1　代表性除尘器的优缺点

除　尘　器	优　　点	缺　　点
电袋复合式除尘器	结合静电除尘器和袋式除尘器的优点，较好地规避了静电除尘器及袋式除尘器的弊端，具有适应能力强、稳定、滤袋阻力低、占地面积小等优点	在高温条件下会产生一些酸性气体，腐蚀除尘布袋；电袋之间必须合理地设置均流导电板；设备要配有高低压电源、两套控制系统，投入资金和维护费用高
湿式电除尘器	对净化多种类型的气体除尘效率较高；废气排量低，不会造成二次污染，对硫氧化物的去除有十分好的效果，易清洗能耗也比较低	需要对排放的废水进行有效治理，除尘器自身的电量耗费，辅助性的循环水泵也会对电量有所消耗，投资和维护费用比较高
旋流雾化水膜除尘器	除尘效率高，结构简单，操作维护方便，费用低，能够实现水资源的循环利用	若管件安装不精准，操作不当，会造成除尘效率下降、烟气带水、引风机磨损

一、装置组成

液膜耦合旋流除尘器如图28-1所示，是一个立式圆筒装置，主要包括射流进气管、弧形多孔过滤板、喷淋装置、流化物料颗粒、出气管等。

二、工作流程

除尘器采用圆台形结构，从下往上可分为集液区、旋风分离区、净化室区等。在旋风分离区内，上方设有喷淋装置，气体以极高的速度从进气口射流进入，具有很高的动量和紊动扩散作用，使烟气与装置中流化物料进行充分旋流，呈现出流化状态。喷淋液体在物料颗粒表面形成液膜吸附烟气中的细小微尘，细小微尘也可以与微小的雾滴产生凝并作用而形成

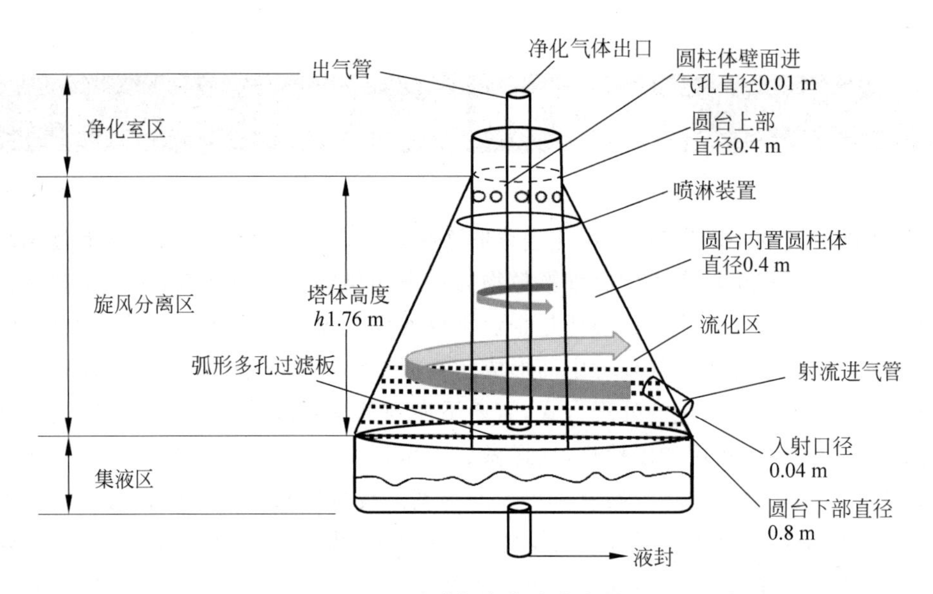

图 28-1 液膜耦合旋流除尘器

较大的液滴，在离心力作用下液滴被甩向器壁，并在重力作用下，沿筒壁下落至设备底部集液区。喷淋装置冲刷颗粒表面的吸附物，洗涤液进入集液区，经过静置沉淀，可将洗涤液的上清液进行回用至上方的喷淋装置，实现了水的循环利用，节约水资源。经旋流区之后的烟气通过内置圆柱体上方壁面的进气孔，流入净化室区，形成二次旋流，对烟气进行除湿，继续旋流至最内层的出气通道，再经设备顶部出口排出。

三、设计依据

1. 团聚机制

微尘颗粒互相接触时，在接触点存在促使颗粒相互结合的作用力，它是物质间普遍作用力与外力综合作用的结果。其团聚作用力可以划分为 5 种，如图 28-2 所示。

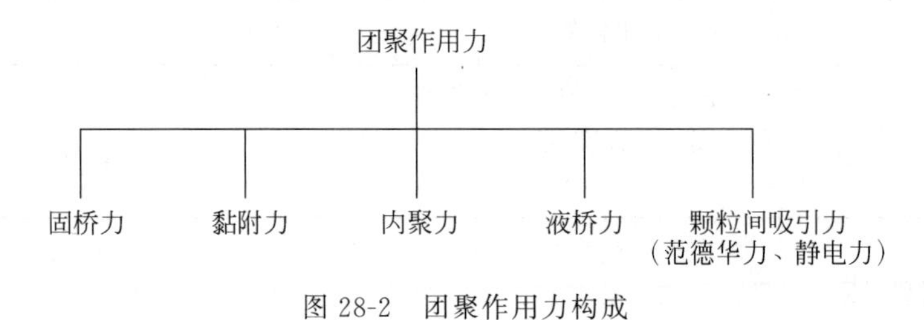

图 28-2 团聚作用力构成

在装置中由于存在喷雾增湿，颗粒间相互作用比较复杂，液桥力及范德华力较大，会对颗粒团聚产生积极影响。在装置内，颗粒在不断碰撞过程中发生着团聚或破碎，由于存在喷雾增湿过程，颗粒表面被润湿，颗粒彼此黏附在一起，颗粒之间紧密结合，从而不断地团聚长大。

2. 射流原理

射流是指入射流体在外界推动力的作用下，以极高的速度从喷嘴喷射出来，呈紊流流型，具有紊动扩散作用，能进行污染物、动量、热量和质量传递。射流强化了烟气残留污染物的有效吸收和微尘的有效碰撞，进而能够达到很好的去除效果。

3. 吸附原理

吸附就是固体或液体表面对气体或溶质的吸着现象，可分为物理吸附与化学吸附两大类。本设计主要涉及物理吸附。物理吸附是吸附剂颗粒与吸附质分子间吸引力作用的结果，喷淋液在流化物料表面喷淋形成一层液膜，烟气在与流化物料充分接触时，烟气中微尘会被吸附在物料表面的液膜上，物理吸附如图 28-3 所示。

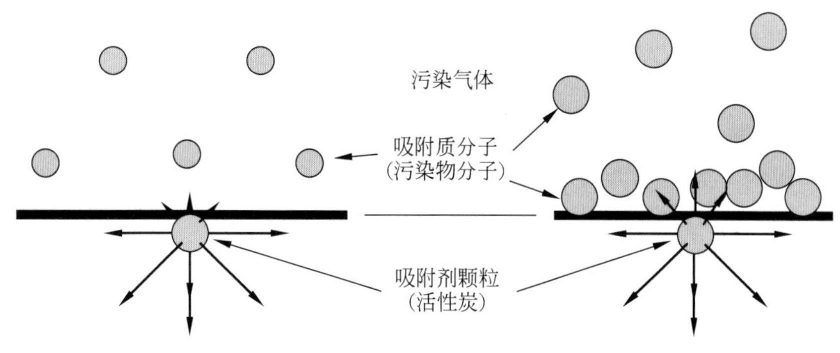

图 28-3　物理吸附示意图

4. 旋风分离工作原理

当含尘气体由切向进气口进入旋风除尘器时，气流在除尘器内做圆周运动，绝大部分气流沿除尘器内壁呈螺旋形运动，气体中的含尘微粒会发生相互碰撞等，通过团聚、吸附过程使流化物料颗粒附着微尘，通过喷淋液冲刷，进而达到去除的目的。向上旋流经进气孔流至净化室区，形成二次旋流，除去气体的水分，流至最内层的出气通道，再经设备顶部出口流出。

四、基本假设

为抓住主要影响因素，便于分析，建立此类型旋风除尘器分离效率模型时，引入以下假设：

(1) 旋流为准自由涡流；

(2) 射流一般为紊流流型，颗粒的径向运动一般处于紊流过渡区，故由艾伦公式描述；

(3) 颗粒的切线速度与主体的速度一致；

(4) 吸附的粉尘，不考虑粉尘的脱附；

(5) 一次分离区Ⅰ和二次分离区Ⅱ为串联操作。

五、除尘器尺寸计算

旋流体上部半径 r，下部半径 R，取其算数平均值 $R_m=(r+R)/2$，m。

旋流颗粒单程旋流路程 C(m)

$$C=2\pi R_m N_e \tag{28-1}$$

式中：N_e——单位时间内的颗粒旋转圈数。

旋流时间 $t=C/U_i$，其中，U_i 为旋流速度，m/s；则旋流体体积 $V(m^3)$ 为

$$V=Qt+\pi hr^2=\frac{1}{3}\pi h(R^2+r^2+R_m^2) \tag{28-2}$$

式中：Q——旋流气体的体积流量，m^3/s；

h——旋流体的高度，m。

核算雷诺数 Re 判断

$$Re=\frac{d_P U_i \rho_A}{\mu}>1 \quad (紊流过渡区\ 1<Re<500) \tag{28-3}$$

式中：d_P——颗粒直径，m；

ρ_A——流体密度，kg/m^3；

μ——流体黏度，Pa·s。

式(28-3)说明了黏性阻力与形体阻力都起作用，故沉降方向上流体的流型为紊流过渡区，颗粒的径向速度 U_r(m/s)可用艾伦公式来表示

$$U_r=0.154\times\left[\frac{d_P^{1.6}(\rho_P-\rho_A)U_t}{\rho_A^{0.4}\mu^{0.6}R_m}\right]^{\frac{5}{7}} \tag{28-4}$$

式中：U_t——颗粒沉降速度，m/s；

ρ_P——颗粒密度，mg/m^3。

因为 $\rho_A \ll \rho_P$，故 ρ_A 可略去，旋转半径可取平均值 $R_m=(r+R)/2$，并用旋流速度 U_i 代替沉降速度 U_t，故气流中颗粒的径向速度(离心沉降速度)U_r(m/s)为

$$U_r=0.154\times\left[\frac{d_P^{1.6}\rho_P U_i}{\rho_A^{0.4}\mu^{0.6}R_m}\right]^{\frac{5}{7}} \tag{28-5}$$

外旋流的平均径向速度为

$$U_r=Q/F \tag{28-6}$$

式中：Q——旋流气体流量，m^3/s；

F——圆柱侧面表面积 $F=2\pi rh$。

联立可求得 r、R 和 h。

颗粒速度压降 ΔP(Pa)为

$$\Delta P=\zeta\frac{U_i^2}{2}\rho_A, \quad \xi=16\frac{A}{D_e^2} \tag{28-7}$$

式中：A——颗粒的表面积，m^2；

D_e——旋风除尘器排出口直径，m；

ζ——压降修订系数。

在设备中气体自孔口、管嘴或条缝向外喷射形成流动，忽略雷诺数的影响，射流大约以15°向后扩张的角度经外筒射流进入内筒，由于射流成一定的角度在内筒内形成向上旋流，得以实现除尘净化。

射流直径 D_j(m)

$$D_j = \sqrt{\frac{4Q}{\pi\mu_1\sqrt{2g\beta\frac{P_0}{\gamma_0}}}} \tag{28-8}$$

式中：μ_1——喷嘴流量系数，取值为 1；

β——喉管进口系数，取值为 1；

γ_0——动力液重度，取值 9810 N/m^3；

P_0——工作压力，MPa。

选取一定数量的活性炭颗粒作为填料，根据颗粒的堆积密度和真实密度计算其空隙率 φ。

$$\rho_b = \rho_P(1-\varphi) \tag{28-9}$$

式中：ρ_b——颗粒的堆积密度，kg/m^3；

ρ_P——颗粒的真实密度，kg/m^3。

根据孔隙度 Φ(%)与液膜厚度 δ(m)之间的关系式

$$\Phi = \delta A'\rho/(7142S_{wi}) \tag{28-10}$$

式中：A'——颗粒比表面积，m^2/g；

ρ——水的密度，g/m^3；

S_{wi}——束缚水饱和度，%。

其中，束缚水饱和度根据式(28-11)求得。

$$\lg S_{wi} = 1-(1.5\lg M_d + 3.6)\lg\frac{\Phi}{0.1} \tag{28-11}$$

式中：M_d——粒度中值。

液体喷淋流量束缚水膜厚度根据式(28-12)求得。

$$\delta = \left(\frac{3\upsilon\nu}{\pi g d}\right)^{\frac{1}{3}} \tag{28-12}$$

式中：υ——液体运动黏度，m^2/s；

ν——液体喷淋流量，m^3/s；

d——流化物料颗粒直径，m。

物料表面液膜附着微尘、液滴是利用惯性作用、碰撞作用和表面液膜吸附作用三种原理捕集到液滴微尘的。在本次设计的除尘器中，喷淋液在流化物料表面喷淋形成一层液膜，使颗粒间黏附力增强，强化了团聚效果，发生的主要是小颗粒在流化物料大颗粒的吸附以及小颗粒之间的凝并作用，形成大液滴在离心力作用下甩向器壁或者发生惯性碰撞附着在大颗粒。本次计算主要考虑液膜吸附以及惯性捕集的作用。

表征惯性的是粉尘的质量，决定惯性的参数称为惯性参数 Ψ。

$$\Psi = \frac{v_0\rho_P d_P^2 C_u}{18\mu d_1}\times 10^{-6} \tag{28-13}$$

式中：v_0——尘粒与液滴的相对速度，m/s；

d_1——液滴直径，μm；

C_u——肯宁汉修正系数。

对于惯性参数 $\Psi>0.2$ 的状况，单个液滴惯性碰撞捕集效率 η_P

$$\eta_P=\left(\frac{\Psi}{\Psi+0.7}\right)^2 \tag{28-14}$$

旋流除尘器主要针对的是一些细小颗粒物，液膜对细小粉尘的吸附去除率一般为90%～95%。总除尘效率 $\eta_{总}$

$$\eta_{总}=1-(1-\eta_{惯性碰撞捕集})(1-\eta_{液膜吸附捕集}) \tag{28-15}$$

出口颗粒物浓度 C_e(kg/m^3)

$$C_e=(1-\eta_{总})C_0 \tag{28-16}$$

单位时间内水膜处理颗粒物总量 W(kg/s)

$$W=(C_0-C_e)Q \tag{28-17}$$

式中：C_0——颗粒物进口浓度，kg/m^3。

七、应用案例

应用案例设计结果如表(28-2)和表(28-3)所示。液膜耦合旋流除尘器上直径为0.4 m，下直径为0.8 m，高度为1.76 m，射流直径为0.044 m，流化物料量选取粒径为3 mm球形活性炭200粒，喷淋量为 1.27×10^{-5} m^3/s，除尘效率可达97%。

表 28-2 微尘粒径分布

粒径范围/μm	粒径区间中值 d_{pi}/μm	质量频率分布 N_i/%
0～1	0.5	16
1～5	3.0	56
5～10	7.5	28
平均直径 $\bar{d}_p$/μm	7	$\bar{d}_p=\sum_i d_{pi}^4 N_i/\sum_i d_{pi}^3 N_i$ 式中：d_{pi} 为粒径区间中值，μm。

表 28-3 设计参数汇总表

参　　数	数　　值
流体密度 ρ_A/(kg/m^3)	1.205
流体黏度 μ/(Pa·s)	18.1×10^{-6}
旋流速度 U_i(m/s)	10
旋流角度 α/(°)	15
旋转圈数 N_e	5
进口颗粒物浓度 C_0/(kg/m^3)	0.06
旋流气体流量 Q/(m^3/s)	0.4
微尘颗粒密度 ρ_P/(kg/m^3)	1960
活性炭颗粒直径 d/mm	3
活性炭颗粒数量 m	200
旋流体上部直径 d_1/m	0.4

续表

参　数	数　值
旋流体下部直径 d_2/m	0.8
旋流体高度 h/m	1.76
除尘器射流直径 D_j/m	0.044
喷淋量 ν/(m^3/s)	1.27×10^{-5}
除尘总效率 $\eta_{总}$/%	97
单位时间内水膜处理颗粒物总量 W/(kg/s)	0.023 28

附录Ⅰ 大气污染控制排放的相关术语与解释

1. 大气污染物排放标准(air pollutants emission standard)

为防治环境污染,实现环境空气质量改善目标,保护人体健康和生态环境,结合技术经济条件和环境特点,限制排入环境中的大气污染物的种类、浓度或数量或对环境造成危害的其他因素而依法制定的各种标准,是各种大气污染物排放活动应遵循的行为规范,具有强制效力。

2. 厂界(enterprise boundary)

工业企业的法定边界。若无法定边界,则指实际边界。

3. 无组织排放(fugitive emission)

大气污染物不经过排气筒排放,通过缝隙、通风口和类似开口(孔)等无规则方式排放到环境中的情形。

4. 现有企业(existing facility)

排放标准实施之日前已建成投产或环境影响评价文件已通过审核的工业企业或生产设施。

5. 新建企业(new facility)

排放标准实施之日起环境影响评价文件通过审核的新建、改建和扩建的工业企业或生产设施建设项目。

6. 大气污染物特别排放限值(special limitation for air pollutants)

为防治区域性大气污染、改善环境质量、进一步降低大气污染源的排放强度,采用国际领先排放控制技术,更加严格地控制排污行为而制定实施的大气污染物排放限值,适用于重点地区。

7. 行业型大气污染物排放标准(air pollutants emission standard for industry)

适用于某一特定行业的大气污染物排放标准,也称为行业适用型大气污染物排放标准。

8. 通用型大气污染物排放标准(air pollutants emission standard for general facilities)

适用于多个行业的通用设备、通用操作过程等的大气污染物排放标准。通用型大气污染物排放标准主要有锅炉、电镀、铸造、工业炉窑及恶臭大气污染物排放标准等。

9. 综合型大气污染物排放标准(integrated air pollutants emission standard)

适用于未制定行业型和通用型大气污染物排放标准的其他行业污染源的大气污染物排放标准。

10. 地方大气污染物排放标准(local air pollutants emission standard)

省、自治区、直辖市人民政府为实现环境质量标准,防治环境污染,保护人体健康和生态环境,结合技术经济条件和环境特点制定的大气污染物排放标准。地方大气污染物排放标准应报国务院环境保护主管部门备案。

附录Ⅱ 大气污染排放控制要求的确定

1. 污染物排放控制要求包括污染物控制项目、控制指标、有组织排放限值，无组织排放限值，基准排气量、基准氧含量、基准过量空气系数或掺风系数、排气筒高度要求以及有组织和无组织排放控制的技术和管理要求等。排放控制要求均应能通过技术或管理手段核查和确认。

2. 根据收集到的数据资料和实测结果，制定出全面的污染物名录，计算每种污染物的排放量，评估污染物危害程度、污染控制技术的成熟度与经济承受性、污染物采样分析方法的配套性，分析污染物之间的关联性等，综合考虑上述因素确定污染物控制项目。

3. 在确定污染物控制项目时，凡总量控制污染物（二氧化硫、氮氧化物），对公众健康和生态环境有重大影响的污染物（颗粒物、挥发性有机物等）、国家重点防治的重金属污染物（铅、镉、铬、汞、砷等）、国际履约污染物（二噁英等）、《优先控制化学品目录》中的污染物，及其他有害污染物和特征污染物应重点考虑。

4. 应根据环境影响评价、排污许可证、排污收费、执法监管等制度要求和污染源排放特征，以及实施监测的可行性等因素，合理确定污染物排放控制指标。污染物排放控制指标类型一般包括质量浓度指标（如 mg/m^3）、排放速率指标（如 kg/h）、绩效指标（输入：kg/t 原料；输出：kg/t 产品等）、污染物去除率指标（去除百分比%）等。

5. 常规污染物（颗粒物、二氧化硫、氮氧化物等）的排放限值应针对不同污染源，依据相应的控制技术，分别提出排放限值要求。对新建企业应根据国际先进的最佳可行技术设定严格的排放限值要求；对现有企业应规定在一定时期内达到新建企业的限值要求；对于特别排放限值应根据国际领先的控制技术或环境质量标准设定最为严格的排放控制要求。

6. 有毒有害污染物排放限值应基于保护人体健康的要求，采用有关地方标准中的方法、排放实测结果、排放控制技术水平和国内外有关标准中的排放限值，以及工作场所有害因素职业接触限值、健康风险可接受水平等因素综合考虑论证确定。

7. 大气污染物的厂界浓度限值应依据保护人体健康的要求确定，应综合环境空气质量标准、工作场所有害因素职业接触限值及健康风险可接受水平等因素确定。若制定厂区内无组织排放点的排放限值，应根据实测结果和控制技术确定。制定的无组织排放限值要求应能够促进企业将无组织排放转变为有组织排放进行控制。企业应控制在厂界浓度限值内。

8. 在制定污染物排放控制技术和管理要求时，应深入研究生产工艺过程和污染物排放特点，在不影响生产安全的前提下，有针对性地提出生产工艺、污染控制设备等主要运行技术参数的控制要求及日常环境管理等方面的要求。

9. 在对全国现有企业全面调查的基础上，应结合典型企业的生产工艺设计要求，合理确定基准排气量、基准氧含量、基准过量空气系数或掺风系数。

10. 在制定排放控制要求时，应根据确定出的分类分级技术对全国范围内的各类企业给出明确的达标技术路线或技术组合(例如，清洁生产＋末端治理)。标准中设置的每一种污染物排放限值均应有对应的达标技术，且已有实际应用案例并能稳定运行。

11. 在编制说明及研究报告中，应详细说明达标技术的技术名称、技术路线、技术水平、关键参数、经济成本、环境效益等。若无可行的达标技术，应按照《污染防治可行技术指南编制导则》(HJ 2300—2018)的要求评估提出达标技术。

附录Ⅲ　环境保护税税目税额表与大气污染物污染当量值

税目		税额
大气污染物		每污染当量 1.2 元
水污染物		每污染当量 1.4 元
固体废物	煤矸石	每吨 5 元
	尾矿	每吨 15 元
	危险废物	每吨 1000 元
	冶炼渣、粉煤灰、炉渣、其他固体废物(含半固态、液态废物)	每吨 25 元
噪声	工业噪声	超标 1～3 dB 每月 350 元
		超标 4～6 dB 每月 700 元
		超标 7～9 dB 每月 1400 元
		超标 10～12 dB 每月 2800 元
		超标 13～15 dB 每月 5600 元
		超标 16 dB 以上每月 11 200 元

注：噪声征税说明

① 一个单位边界上有多处噪声超标，根据最高一处超标声级计算应纳税额；当沿边界长度超过 100 m 有两处以上噪声超标，按照两个单位计算应纳税额。

② 一个单位有不同地点作业场所的，应当分别计算应纳税额，合并计征。

③ 昼、夜均超标的环境噪声，昼、夜分别计算应纳税额，累计计征。

④ 声源一个月内超标不足 15 天的，减半计算应纳税额。

⑤ 夜间频繁突发和夜间偶然突发厂界超标噪声，按等效声级和峰值噪声两种指标中超标分贝值高的一项计算应纳税额。

大气污染物污染当量值

污染物	污染当量值/kg	污染物	污染当量值/kg	污染物	污染当量值/kg
1. 二氧化硫	0.95	16. 镉及其化合物	0.03	31. 苯胺类	0.21
2. 氮氧化物	0.95	17. 铍及其化合物	0.0004	32. 氯苯类	0.72
3. 一氧化碳	16.7	18. 镍及其化合物	0.13	33. 硝基苯	0.17
4. 氯气	0.34	19. 锡及其化合物	0.27	34. 丙烯腈	0.22
5. 氯化氢	10.75	20. 烟尘	2.18	35. 氯乙烯	0.55
6. 氟化物	0.87	21. 苯	0.05	36. 光气	0.04
7. 氰化氢	0.005	22. 甲苯	0.18	37. 硫化氢	0.29
8. 硫酸雾	0.6	23. 二甲苯	0.27	38. 氨	9.09
9. 铬酸雾	0.0007	24. 苯并[a]芘	0.000 002	39. 三甲胺	0.32
10. 汞及其化合物	0.0001	25. 甲醛	0.09	40. 甲硫醇	0.04
11. 一般性粉尘	4	26. 乙醛	0.45	41. 甲硫醚	0.28
12. 石棉尘	0.53	27. 丙烯醛	0.06	42. 二甲二硫	0.28
13. 玻璃棉尘	2.13	28. 甲醇	0.67	43. 苯乙烯	25
14. 炭黑尘	0.59	29. 酚类	0.35	44. 二硫化碳	20
15. 铅及其化合物	0.02	30. 沥青烟	0.19		

主要参考文献

[1] 周勇.雾霾爆发主因：湿法脱硫-基于大数据、气象数据和实验数据的确认[J].科学与管理，2017，37(4)：15-21.

[2] 柳少华，陈延涛，冯会玲.电袋复合式除尘技术[J].科技信息，2009，(31)：837-851.

[3] PARIHAR A K S，HAMMER T，SRIDHAR G. ESP for the removal of particulate matter and tar from producer gas[J]. Renewable Energy，2015，74(2)：875-883.

[4] KOU B F，LIU Q Z，CAO S C，et al. Experimental investigation on atomization and collecting efficiency of wind-spray dust controller and its parameters optimization[J]. Journal of Central South University，2015，22：4213-4218.

[5] 郭慕孙.流态化手册[M].北京：化学工业出版社，2008.

[6] 齐国杰，董勇，崔琳，等.超细颗粒物增湿团聚技术研究进展[J].化工进展，2009，28(5)：745-763.

[7] ZHOU SW，JIANG R Q. SONG F Y，et al. Numerical simulation of three-dimensional flow field with strong swirl in vortex tube[J]. Journal of Mechanical Engineering，2007，43(12)：229-234.

[8] 刘仔，李艳臣.五种颗粒平均直径计算方法模拟研究[J].弹箭与制导学报，2015，35(6)：145-148.

[9] 陆宏圻.射流泵技术的理论及应用[M].北京：水利电力出版社，1989.

[10] 戴猷元，余立新.化工原理[M].北京：清华大学出版社，2010.

[11] 王伟明，卢双舫，田伟超，等.吸附水膜厚度确定致密油储层物性下限新方法[J].石油与天然气地质，2016，37(1)：135-140.

[12] 王铁利.渗透率与孔隙度、束缚水、饱和度的关系[J].煤炭技术，2010，29(1)：172-173.

[13] 姜爱玲，樊奉瑭.填料的润湿和传质[J].炼油与化工，2002，13(2)：9-12.

[14] 刘清林，梁积勋，王晋平.表面液膜吸附式捕集汁器在糖厂的应用[J].轻功科技，2013，11(180)：17-19.

[15] 张宇博，延禹，胡芳芳，等.低低温系统中粉尘颗粒团聚特性研究[J].热力发电，2019，48(1)：36-42.

[16] 马广大.除尘器性能计算[M].北京：中国环境科学出版社，1990.

[17] DILIP M，SEYMOUR C，DALE L. Venturi Scrubber Performance[J]. Journal of the Air Pollution Control Association，1972，22(7)：529-532.

[18] 环境保护部科技标准司.环境空气 PM10 和 PM2.5 的测定 重量法：HJ618-2011[S].北京：中国环境科学出版社，2011.

[19] 曹飞艳.青岛和南黄海 PM2.5 的化学成分、来源解析、吸光特征[D].济南：山东大学，2020.

[20] 国家市场监督管理总局，国家标准化管理委员会.再生水水质氟、氯、亚硝酸根、硝酸根、硫酸根的测定 离子色谱法：GB/T 39305—2020[S].北京：中国标准出版社，2020.

[21] 环境保护部科技标准司.环境空气 二氧化硫的测定 甲醛吸收-副玫瑰苯胺分光光度法：HJ 482—2009[S].北京：中国环境科学出版社，2009.

[22] 陆建刚，陈敏东，张慧.大气污染控制工程实验[M].2 版.北京：化学工业出版社，2016.

[23] 包润民.风光沼移动电源车的设计与研究[D].北京：华北电力大学，2018.

[24] 林丽.新疆家庭式农业生产生态系统基本模式的建立[J].北京农业，2013(33)：284-286.

[25] 张世伟.沼气池的研究进展及其设计要求[J].太阳能学报，1987(3)：295-304.

[26] 张盼.村镇沼气与天然气联合供气技术研究[D].重庆：重庆大学，2016.